【目录】

概述

只因苏东坡的一句“到苏州不游虎丘乃憾事也”，虎丘便成了人们千百年来到苏州而必游之地。

在苏州这座两千五百多年历史的文化名城，有着诸多名胜古迹，园林精致、山水秀丽。中国的“四大名园”苏州就占有二席（拙政园、留园）。而山水之胜也尽显着深厚的苏州文化，像灵岩山、天平山，太湖、石湖……这些真山真水醉人心脾。可在这众多美景之中人们公认以虎丘为翘楚。

虎丘，自古就有“吴中第一名胜”的美称。她位于苏州城的西北，一条七里长的山塘街使之与苏州古城紧紧相连，“去城不七里，幻此幽绝境”。

山不在高，有仙则名。虎丘山高不过三十多米，但却有“江左丘壑之表”的风范。山间绝岩耸壑，气象万千，有“三绝九宜十八景”之胜。历朝历代的文人留下的诗句、文章中，“虎丘”二字比比皆是。南朝的顾野王在《虎丘山序》中写道：“若兹山者，高不抗云，深无藏影；卑非培塿，浅异棘林。秀壁数寻，被杜兰与苔藓；椿枝千仞，挂藤葛以悬萝。曲涧潺湲，修篁荫映。路若绝而复通，石将颓而更缀。抑巨丽之名山，信大吴之胜壤。”这短短几十个字，点出了虎丘山水的精妙之处。唐朝的陆广微在《吴地记》说：“虎丘山绝岩纵壑，茂林深篁，为江左丘壑之表。”把虎丘推到了江东地区“老大”的地位。到宋代，著名大诗人苏东坡的一句话，又

清马咸《大吴胜壤图》之虎丘

仿远古海涌山雕塑

把虎丘推到另一高度："到苏州不游虎丘乃憾事也。"

到了苏州而没到虎丘去看一看，难道真是一桩遗憾之事吗？

虎丘山原名"海涌山"，又名"海涌峰"。相传，早在远古时代，苏州这一地方原是一片茫茫大海。在这片汪洋大海里，兀立着点点绿色岛屿，今日之虎丘就是其中的一个。由于它在这些绿岛中最为矮小，因而随着海潮涨落和波涛的起伏，时而涌现，时而隐没，远远看去，此山似沉似浮，时有时无。而当风平浪静，大海跟蓝天远远地连接在一起时，它又像一颗灿烂的明珠，镶嵌在浩渺的碧波上。

沧海桑田，"孤阜起平田"。随着太湖平原的形成，海涌山也就成为陆地上的一个小山。虎丘这一奇特的海陆变迁，宋代诗人郑思肖在《虎丘》诗中以丰富的想象作了最为形象的描绘：

何年海涌来，霹雳破地脉。
裂透千仞深，嵌空削苍壁。
山间石乳甘，秋冷铁花碧。
阖闾云空愁，银虎去无迹。
蛟龙镇奇险，拱护楚王宅。

另据方志记载，过去山上还有“望海楼”，据说在那里可以眺望海景。唐代大诗人刘禹锡曾曰：“独宿望海楼，夜深珍木冷。”只是现今大海已离我们有上百公里之远。

至于海涌山后来为何改称“虎丘山”的说法有多种，其中之一，是与春秋时的吴王阖闾有关。公元前496年，吴王阖闾因在吴越之战中受伤而死，后埋葬于此。据《史记》记载：阖闾死后，吴王夫差征调十万军民，用大象运输，在此穿土凿池，积壤为丘。并将阖闾生前喜爱的“扁诸”、“鱼肠”等三千宝剑一同秘藏于幽宫深处。葬后三日，金精上扬，化为白虎，蹲在坟上，因此得名虎丘，亦作虎阜。还有一种说法为象形说。宋代朱长文认为，虎丘以其形似而得名，“然观其岩壑之势，出于天成，疑先有是丘，而阖闾因之葬也”（《吴郡图经续记》）。这样解释倒是比较客观的，清乾隆帝也在诗句里表现出赞同此说法：“本来岩壑擅天成，虎踞偏称金气精”。

虎丘自古就是人们的游览胜地，因而这里的古迹众多，且历史悠久。在这里，几乎一草一木、一水一石，都与历史名人有着千丝万缕的联系，因而这里又似乎是一座生动的历史博物馆。

虎丘，在春秋时曾是吴王的行宫；到晋代，司徒王珣、司空王珉兄弟俩在此建造别墅，后来王氏兄弟舍宅为寺，于咸和二年（327）建虎丘寺，其时，寺分两处，时称东寺、西寺。到了唐代，因唐高祖李渊祖父名虎，为避讳，虎丘改名武丘，虎丘寺亦改名为武丘报恩寺，仍分东西两寺。那时，虎丘到苏州城，无大路和河流可通，游人需从田野间穿行而至，交通极为不便。宝历元年（825），白居易任苏州刺史，带领百姓自阊门至虎丘开挖河道，沿河修筑塘路，并绕山开渠引水，形成环山溪。从此水陆称便，游人更是络绎不绝。而白居易修筑的这条山塘街，在此后的一千多年间，成为苏州城去虎丘的一条通途大道。唐代武宗李炎会昌年间（841—846）崇道灭佛，虎丘二寺俱废；后人又移寺上山，合二寺为一。北宋至道年间（995—997）又重建，改称云岩禅寺。清康熙时改为虎阜禅寺。虎丘寺是闻名东南的一大名刹，在宋代是“五山十刹”之一。寺的规模浩大，殿宇众多，但自隋朝至清朝就曾七次被兵火所毁，劫后幸存的古建筑仅有五代所建的云岩寺塔（即虎丘塔）和元代所建的断梁殿两处，其他都是太平天国以后重建的。

在中国，一般来说，寺院都深藏于山中，唯独虎丘，却是山藏古寺中，这是虎丘山寺与众不同的地方。明代诗人高启曾曰：“老僧只恐山移去，日落先教锁寺门。”我们可以在脑海中想象一下：夕阳西下，一个小沙弥手持一把铜锁缓缓关上寺门，轻轻锁上铜锁。这一简单的动作就把尘世的

虎丘旧影：幸存的虎丘塔和断梁殿

虎丘今貌：虎丘塔下郁郁葱葱

秦始皇像

宋仁宗像

繁华与喧闹都锁在了门外。寺门上的一把锁就把一座山锁住，把虎丘山、寺的独特性生动形象地描绘了出来。

虎丘不仅历史悠久，景色优美，还富有多种文化内涵，下面主要介绍帝王文化、民俗文化、士大夫文化、宗教文化、建筑文化这五个方面。

先来说说这帝王文化。虎丘似乎注定与帝王有着不解之缘：春秋时期，虎丘便是吴王行宫；自从吴王阖闾及其三千宝剑深埋于此后，又引来了多位帝王……勾践灭吴后，第一件事就是想着要掘墓得宝；后又有秦始皇、孙权等赶来探墓寻剑；唐初，因一个“虎”字与唐高祖李渊祖父同字，虎丘无奈改名“武丘”；宋景祐元年（1034），宋仁宗赵祯下诏，把老皇帝宋真宗赵恒的御书三百卷副本藏于虎丘寺；清康熙、乾隆曾六次游历……他们的到来为虎丘留下了许多辉煌的记忆。特别是康熙帝的驾临，使虎丘呈现难得的轰动场面。他还为虎丘山寺题写雅名“虎阜禅寺”。从此虎丘寺改称“虎阜禅寺”，金匾至今高悬于头山门。

虽说虎丘有着帝王霸道之气，但在寻常百姓的眼里，没

景区门口的大鼎

石阶上的“虎”元素

虎丘丰富多彩的民俗活动　张遇摄

有那么高不可攀，更多的是亲切感。人们喜欢虎丘，于是这里成了市民交流聚会的场所：春时，来虎丘集会看花；夏日炎炎，来虎丘寻清爽凉快；秋有木樨市；冬来看山雪。更别说清明、七月半、十月朝的“三市三节”了……四季轮回，年岁更迭，就这样，一系列具有浓厚本地特色的民俗风情和与吴文化相关的游览集会活动在虎丘慢慢形成。而这样的虎丘集会，最为著名的便是中秋曲会和元宵灯节。早在明代，虎丘的中秋曲会就声势浩大了。袁宏道在《虎丘记》中这样写道：“虎丘……中秋为尤胜。每至是日，倾城阖户，连臂而至。”张岱《虎丘中秋夜》也说：中秋夜的虎丘，人们“皆铺毡席地而坐，登高望之，如雁落平沙，霞铺江上”。据清顾禄《清嘉录》，元宵灯会时，张灯结彩的灯船游弋于虎丘山塘河——可以想象，那山塘河中花灯点点，船影摇摇；虎丘山中，人头涌涌，笑语连连，何等的富丽繁华。丰富多彩的民俗活动催生了许多民间故事和传说，著名弹词《玉蜻蜓》、《三笑》的主要故事情节就发生在虎丘一带。虎丘的“三市三节”、曲会、灯会……都是民间非物质遗产的珍贵传承，充分显示了传统文化的魅力。时代在前进，但传统的文化魅力依旧吸引着众多游人，而这些民俗活动、民间故事和民间工艺依然原汁原味地保留下来并流传至今。如今的虎丘花会、庙会也仍然是新老苏州人、外地游客扎堆的地方。在这美丽的山水间继续上演着各种精彩故事。

虎丘还是历代文人画家的创作源泉，为他们提供了丰富的艺术灵感。投之以桃，报之以李，历代文人回报给虎丘丰富的文化遗产，同时也创造和修缮着虎丘的人文。晋代有顾恺之，六朝有顾野王，唐代有颜真卿、李白、白居易、韦应物、刘禹锡、陆龟蒙、皮日休，宋代有苏轼、米芾、绍隆，元代有赵孟頫、倪瓒，明代有王鏊、沈周、文徵明、唐寅、张岱、袁宏道，清代有吴伟业、朱彝尊、洪钧、陆润庠……可谓数不胜数，虎丘已然成为江南士大夫文化的土壤。东晋大画家顾恺之说虎丘是“含真藏古”；南朝顾野王赞虎丘是“抑巨丽之名山，信大吴之胜壤”；唐代李阳冰以篆体书题写了“生公讲台”；韦应物、白居易、刘禹锡三位大诗人都曾任苏州刺史，而且对虎丘情有独钟；著名的文学作品《三言二拍》、《红楼梦》、《儒林外史》都写到虎丘；苏州的地方戏和弹词更是一再以虎丘为人物活动的舞台；当代大作家陆文夫的成名作《小巷深处》中，男女主人公的第一次相见

碑廊诗碑

李白像

倪瓒像

文徵明像

唐寅像

西溪环翠内的建筑　张遇摄

书台松影

就安排在虎丘山上……这里还常常举办文人墨客的雅集活动：从明代起，文人墨客往往在三月三聚会虎丘，效仿晋人兰亭聚会修禊，吟诗作画，留下“丘壑诗情远，莺花客梦醒”等美妙佳句。1924年和1936年，黄宾虹、张善孖、张大千在参加雅集后，曾先后作《虎丘雅集图》，现已成为苏州市图书馆的珍贵收藏品。文人们不仅在虎丘留下墨迹和足迹，更在虎丘留下了居所和读书思考的身影。在虎丘西南山麓有“虎丘十景”之一的西溪环翠，系唐代诗人陆龟蒙四十三世孙陆肇域在清乾隆五十一年（1786）所建。北宋理学家尹和靖寓居于虎丘后山。旧有三畏斋、尹和靖读书台，其中书台松影也是“虎丘十景”之一。清光绪十年（1884）春，邑人朱修庭与僧人云闲在虎丘寻得古憨憨泉，状元洪钧、词人郑文焯、文人彭南屏和文小坡，感于此泉水质优良，倡议于泉旁建拥翠山庄，光绪十一年（1885）正月正式落成。民国七年（1918），著名学者金松岑与费仲深等文化名人联合发起集资，在拥翠山庄北、第三泉（陆羽井）南侧高地，植梅建阁，建造冷香阁……诸如此类的例子不胜枚举。可以说，正是这些文人雅士赋予了虎丘新的生命与活力。假如没有士大夫文化的融入，那么虎丘必定会逊色不少。

接着再来简单说说这虎丘文化中的宗教文化。自东晋王珣、王珉兄弟二人舍宅为寺，佛教文化于此绵延千年。东晋时期著名高僧竺道生在北方传播“一阐提人皆得成佛”，遭到摈遣后便来到虎丘继续弘法，他提出了“顿悟成佛”和“一切众生悉有佛性”的学说，是中国佛教史上的一次重

康熙帝御笔“虎阜禅寺”

大的历史性突破。至今，虎丘山上还留有生公讲台、千人坐、点石头等遗迹。南朝陈代和隋仁寿元年（601），虎丘山寺始建佛塔。此后，虎丘山寺发展为一座规模宏伟的著名佛寺。南宋时，高僧绍隆在虎丘山寺创禅宗临济宗“虎丘派”学说，绍隆因此被后人尊为临济十二祖，其名声流传至今，日本禅宗四十六派中，出于绍隆流派的就有三十六派。元、明、清各代，虎丘山寺屡有兴建，香火鼎盛，名声远扬，是吴地重要的佛教圣地。今“虎阜禅寺”匾额为清康熙皇帝御题。虎丘还有多处道教遗存，历史上形成了前佛后道的格局。从一天门、二天门、三天门到小武当、中和桥、石牌坊、真武殿、玉皇殿，道观建筑构成了一个体系。其中，还有清嘉庆年间（1796—1820）所建的二仙亭，里面有记载道教名人吕洞宾和陈抟在虎丘相遇对弈的石碑。因“清远道士养鹤于此”而得名的养鹤涧散发着清幽的禅意……层叠的山石，历经枯荣的古木，悬崖下的清潭，处处显示出道家崇尚的清远意境。

虎丘不仅仅以自然山水闻名，其形式多样的建筑，也极具代表性，享誉四海。虎丘的建筑类别多样，年代久远，总体布局因地制宜，巧于因借，建筑风格与自然景观协调。其形式有塔、殿、桥、亭、楼、阁、墓等，年代从五代延续至当代，呈现出宋、元、明、清、民国等建筑风格。1961年，国务院将苏州云岩寺塔（包括二山门等建筑）列为全国重点文物保护单位。虎丘塔（云岩寺塔）现残高48米，为八角仿木结构楼阁式七层砖塔，是江南现存唯一始建于五代的多层建筑，塔身略倾，斜却不倒，雄伟古朴，屹立千年。二山门为元代建筑，其结构尚承袭了宋代建筑的特色。脊桁为两段圆木相接而成，故俗称“断梁殿”，反映了我国古代工匠的精湛技艺，其门扉、连楹、屋顶瓦饰及部分斗拱虽经后世修补，但仍保持了元代风格，亦是中国古建筑中的典型。虎

虎丘经幢

虎丘中的榭、门洞、廊

丘山寺建在山里，是深山藏古寺的格局，而山门建在山前，形成山藏寺，寺包山，山寺合一的模式，游山即为访寺，在中国众多名山古刹中是一特例，建筑与山体浑然天成，妙趣横生。由状元洪钧倡议建设的拥翠山庄，依山而筑，是江南园林中少数台地园之一，其利用山体地形起伏变化，营造亭台轩榭，布局灵活，巧于因借，融园景于山景之中。山东坡的万景山庄，是当代园林艺术与苏派盆景艺术完美结合展示的典范。清康熙时的虎阜禅寺，山上的含晖山馆是康熙、乾隆游山的行宫，因此弥漫着皇家园林的气息。

虎丘的自然、历史、文化、民俗、建筑，就是一部浓缩的苏州简史。帝王将相、风流人物、名师巧匠悉数登场……在天地造化中，在亭台楼阁寺院里，用不同的方式诉说着苏州人的悲欢、承担、才华和气节……神话、诗词、歌赋、评弹、碑刻、传奇小说——嘈嘈切切，每一种都那么的悦耳、生动。

苏州自古物产丰富，而虎丘的特产也十分有特色。其中白云茶、席编、花卉、泥人最为著名。白云茶,又叫“雨前茶”，相传最早就是由陆羽栽培而成的。席编即苏州虎须席。顾禄《桐桥倚棹录》：“蒯席，出虎丘者为佳，见《姑苏志》。……虎丘地名尚有号席场弄者。”可惜虎丘席编现已不多见。虎丘花卉历史悠久，名闻天下，尤其是香花，在虎丘栽植的历史相传已近千年。旧时，虎丘一带农户以莳花为业。比较有名的花有茉莉花、白兰花和玳玳花，贩卖时把茉莉花和玳玳花扎成各种花球、花束，又用麦秆编成小巧玲珑的“花茧”，内装白兰或玳玳若干朵。而作为苏州工艺代表的虎丘泥人从古至今都深受人们喜爱。《红楼梦》中有这么一段：薛蟠从苏州回来，带来了两大箱衣物分送给各家姐妹，其中就有“一出出泥人儿的戏，用青纱罩的匣子装着；又有在虎丘山上泥捏的薛蟠的小像，与薛蟠毫无相差。宝钗见了，别的都不理论，倒是薛蟠的小像，拿着细细看了一看，又看看他哥哥，不禁笑起来了”。《苏州府志》也提及“虎丘人抟土肖人像逼真”。可见当时虎丘泥塑的艺术水平。苏州捏相为旧日虎丘传统副业，其法创于唐代杨惠之。据说虎丘有一处泥土最滋润，俗称“滋泥”，捏相必用此泥。泥塑的中心即移至虎丘。如今，来虎丘游览，临行时若要带走点虎丘的特产，不妨在这些物产中挑挑，它们的身上承载着的不仅仅是虎丘的记忆，也是苏州精髓。

古人评价虎丘山景有“九宜”、“三绝”之说。所谓“九宜”，即虎丘宜月、宜雪、宜雨、宜烟、宜春晓、宜夏、宜秋爽、宜落木、宜夕阳，无所不宜（明李流芳《虎丘有九宜》），也就是说无论春夏秋冬、阴晴雨雪都适宜游览，并且都各有独到的趣致。所谓“三绝”，即“望山之形，不越冈陵，而登之者，见层峰峭壁，势足千仞，一绝也；近临郛郭，矗起原隰，旁无连续，万景都会，西连穹窿，北亘海虞，震泽沧州，云气出没，廓然四顾，指掌千里，二绝也；剑池泓渟，彻海浸云，不盈不虚，终古湛湛，三绝也”（宋朱长文《虎丘有三绝》）。他们把虎丘看了千百次，给了我们美丽的总结。另外，虎丘旧有十八景之说：二山门（断梁殿）、憨憨泉、试剑石、剑池、千人石、鸳鸯冢、塔影桥、枕头石、石观音殿、观音泉、双吊桶、白莲池、云岩寺塔（虎丘塔）、冷香阁、五十三参、仙人洞、真娘墓、致爽阁等。

虎丘小景　张遇摄

今天，虎丘的著名景点何止十八处，且每处都伴有厚重的历史和动人的传说。当你走进虎丘，行走在山水间，穿梭于建筑之中时，你已不知不觉地已经走进了历史，走进了我们古老的文化。

游虎丘，了解虎丘的历史，也就了解了苏州的历史。从这一点上说，苏东坡的“到苏州不游虎丘乃憾事也”所言非虚。

前山景点

虽说虎丘只是一个小小的“丘”，海拔只有34米，但这弹丸之地却是一块风水宝地，不但有山的风骨，也有水的柔美，一刚一柔相得益彰。虎丘前山景点主要由人文景观和自然景观两大部分组成，两者交相辉映，为虎丘增色不少。其人文景点主要有：憨憨泉、真娘墓、二仙亭、虎丘塔等。这些景点都有着动人和有趣的故事与传说，赋予了虎丘许多神秘的色彩。自然景观主要有：千人石、勾践洞、第三泉等。这些由大自然鬼斧神工所创造出来的景点让游客们游玩时深深体会到自然与人的和谐。人文景观和自然景观的水乳交融，展现出虎丘风景的多姿多彩，让游客流连忘返。

头山门

虎丘山寺的头山门，在虎丘山南，前临山塘街，外滨山塘河，是出入虎丘的第一道门。头山门屋脊前后装饰“皇图巩固”和“帝道遂昌”题词，门上有行书题额“古吴揽胜”，两侧有楹联一对：

水绕山塘，笑旧日莺花笙歌何处？

塔浮海涌，看新开图画风月无边。

门厅上悬金字竖匾，是清康熙皇帝御笔“虎阜禅寺”，这是康熙皇帝第六次南巡时所写。匾的周围有九条金龙作盘踞飞舞状，象征着当时康熙南巡时的盛况。

头山门

据《桐桥倚棹录》等载，原址有一门，在乾隆二十二年（1757）时僧祖善在两旁开了门。乾隆五十五年（1790）僧祖通创建隔河照墙，上书："海涌流辉"。

头山门内壁嵌有乾隆二年（1737）镌刻的《永禁虎丘染坊碑》，高150厘米，宽73厘米，碑文共1500字，这是一部关于保护水质的地方法规，也是我国迄今所发现的最早的"环境保护法"。它要比英国《水质污染控制法》和美国《河川港湾法》分别早96年和162年。

明清时期，苏州的棉纺织业快速发展，在虎丘、山塘一带染坊林立，大量的废水，污染了附近河流，"满河青红紫黑，臭气洋溢"，严重影响了居民生活，破坏了自然环境。为此，苏州地方官在居民和山僧的强烈呼吁下，颁布了这部禁止在虎丘开设染坊，以保护虎丘山水自然环境的法令，并勒石于此，广而告之。

山门内还有另外相关法令的碑刻：有清嘉庆三年（1798）立的《申禁放生官河网捕碑》，清嘉庆八年（1803）元和县、长洲县、吴县立的《禁止重利盘剥事碑》，清嘉庆十六年（1811）江苏提刑按察使司立的《严禁私开小押为盗贼销赃事碑》，清嘉庆十七年（1812）江苏提刑按察使司立的《严禁地保差仵借尸骚扰事碑》，以及《钦命江南江苏等处理提刑按察使司按察使兼管驿传事碑》，还有民国十四年（1925）立的四块《为清理山塘河各捐户台衔及河工经费收支明细碑》等。从中，我们可以看到先人的生活状态以及当时法律情况。这些碑文，对于研究中国当时的法律与民生有着十分重要的价值。

“吴中第一山”匾额

过了头山门，往前走就来到了景区的真正入口处。

虎丘的入口处显得十分宽敞。过道的廊檐上挂着“吴中第一山”的匾额，这五个大字是是享誉海内外的建筑大师贝聿铭先生所写的。

贝聿铭先生是苏州望族之后，现在，山塘街上还有吴中贝氏纪念馆。贝聿铭先生的童年是在苏州度过的。1935年贝聿铭远赴美国留学，先后在麻省理工学院和哈佛大学学习建筑。他的作品遍布世界各地，像著名的法国巴黎卢浮宫玻璃金字塔等，在苏州的拙政园旁边，苏州博物馆新馆也是出自贝老之手。因为他的不朽作品，贝聿铭被誉为“现代建筑的最后大师”。“吴中第一山”这五个大字体现出贝老对家乡的热爱，也印证了“多变的是我的建筑设计，不变的是我的中国心”这句发自贝老肺腑的话语。

贝聿铭题额“吴中第一山”

海涌桥

欣赏完“吴中第一山”匾额后，往北走就是海涌桥了。海涌桥的得名来自于虎丘山的古名——海涌山。这座桥是由花岗石砌就的单孔石拱桥，全长18.3米，宽6米，以微小的坡度跨溪而卧。两边的桥栏望柱上各精雕迎客石狮6只，神态各异，栩栩如生，十分惹人喜爱。狮子在佛门中被誉为神兽，在民间习俗里又象征吉祥如意。在民间有“一山不容二虎”之说，虎丘山上却安排了这么一群惹人喜爱的狮子，难道不是在告诉我们彼此之间应该和谐相处吗？当你站在海涌桥上抬头前望，西边是拥翠山庄，东边是万景山庄，叠翠盖绿，姹紫嫣红，美不胜收。

桥栏望柱上的石狮

海涌桥还是一处绝佳的摄影位置，在这里只需把镜头对准前方，就可以把断梁殿和虎丘塔二景拍于同一镜头之内，一幅“古塔出林杪”的画面呼之欲出。

当我们站在桥上向前看时，会有两个发现：第一个发现是虎丘与众不同的特点——山藏寺里，虎丘山处处有景，一座虎丘山就是一个虎丘景

海涌桥

钱穀《虎丘前山图》中的断梁殿、憨憨泉等景点

区。古人曾经用诗来形容："塔从林外出，山向寺中藏"，"平生只见山里寺，今日来看寺里山"，"老僧只恐山移去，日落先叫锁寺门"。第二个发现是"丘如蹲虎"。二山门就像老虎的头颅，洞门像老虎的嘴巴，窗洞像老虎的眼睛，两边凸出的青石碑像老虎的耳朵，两旁的树木像老虎的胡须，门前的露台是老虎的舌头，环山河水

断梁殿

跨海涌桥而北，即二山门，俗称"断梁殿"。

断梁殿为单檐歇山式建筑，面阔三间，进深两间，结构特殊。中间那根"断"成两截的主梁，常使游客驻足翘首。有关这根断梁，还有许多饶有情趣的传说。

据传，元朝皇帝得知苏州是个出能工巧匠的地方，特下圣旨，只给一些零碎木料，而且不准用一根铁钉，要在虎丘山脚建造一座千年不倒的殿门，存心要难倒苏州工匠。但聪明的苏州工匠在"赛鲁班"老匠头的带领下，以"斗拱"、"琵琶吊"、"棋盘格"的顶力和吊力作用，分担了重量，而主梁只用两段木料相接，建成了断梁殿。

又有一种说法，断梁殿是清朝乾隆皇帝南巡时建造，当时期限紧迫，昼夜赶造，工匠错配了木料，但期限已至，配料的师傅畏罪自尽。幸亏遇到高人指点，工匠们以两根断木接续，这才使工程按时竣工。

其实，所谓"断梁殿"并不是梁真的断，而是我国古代的

巧匠依据具体情况，灵活变通，用木梁制成悬挑受力构件。其建筑时间，根据古建筑专家刘敦桢的研究，确定建造于元代至元四年（1338），并非出自清代工匠之手。

通常的建筑，每一间屋脊下面都应该是一根完整的主梁，两端搁置在正帖或者边帖的木屋架上，像断梁殿这样三开间门面的建筑，主梁应该有三根整木。但是这座建筑的主梁，却选用了两根一开间半长的圆木，代替了原来所需的三根圆木。如果用数学公式来表示，就是1.5+1.5=3代替了原来的1+1+1=3。这两根长梁各挑出正中间的一半长度，并在挑出的两端下面托有一排排斗拱来减轻主梁所承受的重量。

断梁殿

由于这座大殿是单檐歇山式屋面，主梁需要用比较粗大的长木料，这两根长圆木正好发挥了应有的作用，不必把长料断成一开间的长度，从而节约了一根大圆木。这种巧思既经济又合理，充分体现了古代劳动人民的聪明才智。

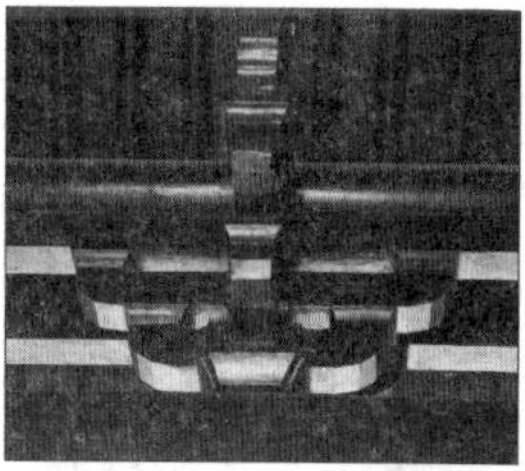

断梁殿的局部细节

在2010年上海世博会建造中国馆的时候，聪明勤劳的工程师们也采用了这种技术，把这种古老的技法展现在全世界人民面前，赢得国内外游客由衷的赞叹。曾有人评价断梁殿：“山门惊鬼斧，断梁叹神工。”

断梁殿的棋盘格

断梁殿还曾走进电视荧幕。电视剧《西游记》中孙悟空和二郎神斗法时，孙悟空变化的那座庙就是这座断梁殿。

上海世博会中国馆架构

殿内原有顾野王书写的“大吴胜壤”和康熙皇帝书写的“路接天阊”两块匾额，已毁失。现在的“大吴胜壤”匾额是顾野王的后人顾曾寿于1877年补书，跋文：

顾野王像

虎阜有始祖希冯公书大吴胜壤匾，乾隆时失。咸丰十一年（1861），曾寿辟兵黄埭，见村肆败壁上有此四字，而“大吴”字已蚀过半，因有意补全，制匾置寺中，聊存一千四百余年旧迹焉。光绪三年（1877）三月，四十三代孙曾寿重立。

顾野王（519—？），南朝时代吴县梓里（今光福）人，文字训诂学家、史学家，且工诗文，善书法、丹青，擅长画人物、草虫。在任梁太学博士时，他奉命编撰字书，“总会众篇，校雠群篇”，搜罗考证汉魏齐梁以来古今文字形体、训诂的异同，编撰成“一家之制”的《玉篇》30卷，当时他才25岁。此书为继东汉许慎《说文解字》后又一部重要字典，也是我国现存最早的楷书字典。而顾曾寿，字革享翁。此人很神秘，至今少有人知道他的详情。当初，吴昌硕先生“因顾茶村识之”。于是，吴昌硕先生在他的《石交集校补》中，有一段关于顾曾寿的记载，称其“性孤介……能诗，工画”。从吴昌硕所撰顾氏传略中可知，顾曾寿隐居在楞伽山（今苏州上方山），故自称“楞伽山民革享翁”。他的画迹流传至今，却使人难知其真实姓名，也对其作品的年代也产生了诸多混淆。

顾曾寿在跋文中所说的“大吴”，应该是指“大苏州”的概念，所以“大吴胜壤”，显然是说虎丘在苏州乃至周边诸多名胜中的重要地位。

断梁殿的朝北处，悬挂着由现代学者梁漱溟书写的横匾“含真藏古”。跋文：

顾恺之《序略》记虎丘山水语：含真藏古，体虚穷元。因书四字，为胜迹存真。乙丑年十一月，梁漱溟并识，时年九十有三。

这“含真藏古”四个字出自顾恺之一千六百多年前的

“大吴胜壤”匾额

“含真藏古”匾额

顾恺之像

倪瓒像

《虎丘序略》。顾恺之（约345—406）东晋画家，绘画理论家，诗人。字长康，小字虎头，晋陵无锡（今无锡）人。多才艺，工诗赋、书法，尤精绘画，尝有才绝、画绝、痴绝之称。与曹不兴、陆探微、张僧繇合称“六朝四大家”。梁漱溟先生是我国著名的思想家、哲学家、教育家、社会活动家、爱国民主人士，著名学者、国学大师，现代新儒家的早期代表人物之一，有“中国最后一位儒家”之称。梁老先生在为虎丘题写这匾额时已93高龄，但四字依然铿锵有力，不愧为一代大家。由两个大师级的人物合璧而成的“含真藏古”，道出了虎丘的历史，说出了虎丘的真谛。

大殿内有哼哈二将香樟木雕，高3米多，每尊木雕重约600至750公斤。一个闭口怒哼，一个张口呼哈，体魄雄壮，威武狰狞，裸露的上身，肌肉饱满，形象逼真。哼哈二将，是明朝小说《封神演义》中的两员大将，一个叫郑伦，一个叫陈奇，两人是军队中的督粮官。郑伦从鼻子里哼出白气，陈奇口中哈出黄气，均可致敌于死地，被称为“哼哈二将”。这断梁殿中哼哈二将的造型，是以北魏时期

“哼”将

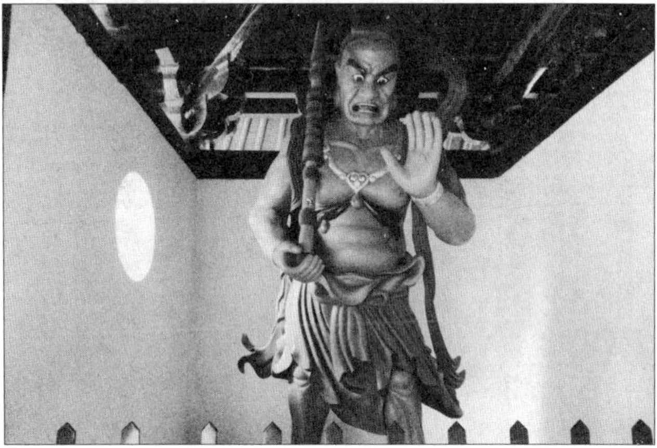

“哈”将

遗迹——龙门石窟中的哼哈二将为原型。

殿内还有四方大青石碑，为元代《虎丘云岩寺兴造记》、明代《虎丘云岩禅寺重修记》、《苏郡虎丘寺塔重建记》、《敕赐藏经阁记》。这四方石碑记述了虎丘寺的历史变迁，是十分重要的历史文献。轻轻敲打这石碑，会有“咚咚”回声，所以这石碑又被称为“响碑”。

响碑

塔影桥

在断梁殿东面，是一座跨在环山河上的单孔石拱桥。桥洞形如半月，势若飞虹，桥身玲珑小巧，是为塔影桥。塔影桥原桥早已倾圮，此桥应为清末民国初重建的。桥身用石条搭建而成，古朴厚重，桥栏上还雕有石狮，栩栩如生。塔影桥与海涌桥、松风桥遥相呼应，为虎丘环山河上的一处重要景点。

塔影桥的南边，原为明代文徵明之孙文肇祉所建的塔影园，初名海涌山庄，其间碧梧修竹，清泉白石，美不胜收。后因在园内凿水池，池中倒映出虎丘塔，便改名为塔影园。文徵明长子文彭有诗曰：

篱豆花开香满园，赤栏桥畔塔影悬。
偶思小饮沽村酿，门外鱼虾正泊船。

塔影园现为苏州高等幼儿师范学校校舍。

塔影桥两侧桥栏的石狮

塔影桥

常将军柏

在断梁殿的西北，有古柏八株，相传为明朝开国大将常遇春栽种，故称常将军柏。

常遇春（1330—1369），字伯仁，号燕衡。南直隶凤阳府怀远县（今安徽省蚌埠市怀远县）人。元顺帝至正十五年（1355），常遇春归附朱元璋，自请为前锋，力战克敌，横行天下。常遇春说自己能带十万兵，因而被称为“常十万”。常遇春一生戎马，洪武二年（1369）病卒军中，年仅三十九岁，死后被追封为开平王。清代张大纯《虎丘古柏》诗曰：

三百年来事杳冥，生公台畔独青青。

孝陵石马嘶风老，古柏犹余战血腥。

常将军柏

憨憨泉

自古名山多得泉石佳趣，虎丘也不例外。虎丘山虽不高，但其两崖中有裂地深不可测，中涵石泉，显出山水之妙。憨憨泉便是其中一例。

憨憨泉在断梁殿之北。六边形青石井圈，井周有石平台及石栏，西侧石栏后面，一长圆形的石上刻有“憨憨泉”三字，为宋代书法家吕升卿所书。

憨憨泉为梁代高僧憨憨尊者所凿，距今已有一千四百多年历史。据苏州民间传说，憨憨原是穷苦人家遗弃的孤

憨憨泉

儿，因双目生翳，视力极差，靠乞讨为生。当时虎丘山顶无水，寺僧吃用之水，要一担担从山下挑到寺中。于是虎丘寺方丈收养他，并让他挑水。憨憨整天干活，闷声不响，故称憨憨。憨憨一边挑水，一边想着如何能在山上找到泉脉，掘一口井泉，来减轻劳动强度。他白天挑水，晚上寻找泉脉掘井。挖了七七四十九天，终于刨出一口井，神奇的是，憨憨还以这泉水治好了自己的眼疾。附近百姓纷纷慕名而来，请憨憨用泉水治疗眼疾。为了纪念这位掘井者，后人便将此泉命名为“憨憨泉”。据说这井泉脉正好挖在海眼上，所以又叫“海涌泉”。

憨憨泉泉水清澈，旧时寺僧多在此汲水，据《桐桥倚棹录》载：“居人于此汲泉烹茗。”我们知道，中国古人饮茶极其讲究水源，既然人们都用此泉水来泡茶，足见这里的水质是非常好的。宋代的虚堂和尚十分推崇憨憨泉，曾曰：

憨泉一掬清无底，暗与曹源正脉通。

陆羽若教知此味，定应天下水无功。

到了清代，俞樾讲学苏州时为憨憨泉和真娘墓两个景点撰写了一副楹联：

一勺试清泉，闻故老流传，是憨师开山遗迹；

千秋埋艳骨，笑游人闲赏，只真娘古冢题诗。

拥翠山庄

在憨憨泉西侧，有一处依山势自南向北升高的建筑群，那就是拥翠山庄。拥翠山庄占地七百余平方米，内有抱瓮轩、问泉亭、月驾轩、灵澜精舍和送清簃等建筑。山庄内亭台轩榭，布局灵活，巧于因借，融园景于山景之中。上下石阶连通，其间缀以湖石孤峰，栽植银杏、柏树、青竹、桂花等花木，体现“风来摇杨，戛响空寂，日色正午，人景皆绿”之妙境，令人感悟“拥翠”之涵义。

拥翠山庄是由晚清苏州状元洪钧倡议建设的。光绪十年（1884），在原月驾轩遗址上依山而筑，是江南园林中少数台地园之一。在此可仰视虎丘塔、远眺狮子山，俯览虎丘山麓一带秀丽风景。

苏州是一座水城，水是苏州的灵魂，也是园林的血液。苏州园林中的山大多是假山，而水却是真水。如果园内没有小河流过，那也要挖一个人工的池塘。然而，拥翠山庄虽有真山却没有水，是苏州唯一园内没有水的园林。拥翠山庄虽然没有水，却是为水而建；虽然不见水，却处处有水意。

山庄外壁写有“龙、虎、豹、熊”四个大字，苍劲有力，气势磅礴。相传是唐伯虎和祝枝山在此比赛书法而留下的墨迹，也有人认为是清咸丰八年（1858）十月桂林陶茂森所书。但李根源在《虎阜金石经眼录》里说，“龙、虎”两字为乾隆五十年（1785）参议蒋之逵所书，原在“五人墓”东蒋

拥翠山庄

抱瓮轩

抱瓮轩内景　张遇摄

参议祠内。

进入山庄门，为园之第一层，地势最低。其间建有抱瓮轩，面阔三间，也是全园的主要建筑。轩东花窗粉墙环绕，墙外即憨憨泉，轩后有边门可通井台。井泉犹如一个盛水的瓮，抱瓮轩因此得名。

《庄子·天地》篇中说，孔子弟子子贡游楚返晋过汉阴时，见一老人一次又一次地抱着瓦瓮到很深的泉坑取水浇园。子贡建议老人用机械汲水。老人则认为用机械取水，久之会造成人“神生不定”，而“神生不定者，道之所不载”。老人不是不知用机械来取水，而是“羞而不为也”。后来“抱瓮灌园”被喻为心态平和的人安于简陋淳朴的生活。

墙外的一泉名“憨憨”，此处一轩名“抱瓮”。一“憨”一“拙”，反映了洪钧等文人的一种心态。

随山势而上，第二层园景为四角形问泉亭。亭敞三面，东南面对古憨憨泉，因泉而置。内设石桌石凳，可供小憩。亭内的壁上置有“废山瀑布”挂屏及诗条石碑两块。用憨憨泉水在此烹茗小憩时，似乎在思索：对面憨憨泉水从何而来？

亭之西、北两面堆叠太湖石假山，形似龙、虎、豹、熊，和外墙题字相呼应。峰石之间，小道两旁，配置白皮松、石榴、黄杨，散植花卉，自然有致。围墙隐约于树丛间，墙内墙外森木交相辉映，融为一体，呈现出一幅“拥翠”的生动图景。

问泉亭西侧上方有轩一座，轩南北各接以小轩，整个形体如同小舟，遂取《水经注》“峰驻月驾”句意题为月驾轩。

月驾轩是拥翠山庄第三层园景。当初洪钧等人筹建拥翠山庄时，就是以月驾轩为基础修建的，因而月驾轩的历史要比山庄内所有建筑都早。

轩内壁间还嵌有嘉庆元年（1796）钱大昕隶书“海涌峰”石碑，书风古朴端丽，不愧大家手笔。光绪十三年（1887），此碑在虎丘山麓被发现后嵌建于此。

现内有旧题额“不波小艇”，还有洪钧同时代的苏州状元陆润庠撰写的楹联一副：

在山泉清，出山泉浊；

陆居非屋，水居非舟。

上联引用唐诗写憨憨泉的自然可爱，人世的混浊不堪；下联勾画了月驾轩的形态特征，似屋非屋，似舟非舟，未知是在陆上的房屋还是水中的小舟。联语通俗巧妙，诙谐有趣。

由月驾轩而上，即为灵澜精舍，是山庄里第四层园景。这是拥翠山庄的主要建筑。“灵澜”即“美泉”，美泉当然指的是憨憨泉。

灵澜精舍东侧有平台突出园墙外。平台以青石为围栏，形制古朴。台下，是人们上山之路，游人不绝。在此俯可观虎丘山麓上山游客的热闹情形，仰可望虎丘塔的端静肃穆，如一幅静物画。以静观动，以静品静，静与动可在瞬间切换，别有一种趣味。

轩内有洪钧撰写的楹联一副，曰：

问狮峰底事回头，想顽石能灵，不独甘泉通法力；

为虎阜别开生面，看远山如画，翻凭劫火洗尘嚣。

上联写出了有关虎丘的三个故事：狮子回头望虎丘的故事，生公说法、顽石点头以及憨憨泉的故事。下联则描写拥翠山庄远眺所看到的别开生面的自然景观，道出山庄优

问泉亭

月驾轩

灵澜精舍

灵澜精舍内景　张遇摄

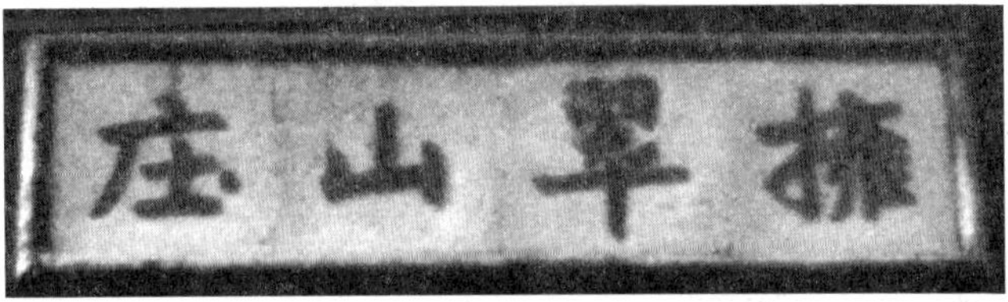

多了一点的“庄”字

越的地理位置，以及此时此刻，人的心灵被美景洗涤的空灵感觉。

山庄的门楣上有“拥翠山庄”四字，但这“庄”字却多一“点”，民间有两种说法，一说是因山庄缺水所以增加“一点水”，另一说是赛金花所加，意为自己是洪家多余的人。

谈到这拥翠山庄不得不提及它的主人，这位主人就是晚清的状元洪钧，他和赛金花的风流韵事因一部《孽海花》而家喻户晓。

洪钧，字陶士，号文卿。江苏吴县（今苏州）人，同治年间中状元，任翰林院修撰。后出任湖北学政，主持陕西、山东乡试，并视学江西，也就是说在陕西、山东、江西等地担任主考官之类，为国家选拔人才。1881年任内阁学士，官至兵部左侍郎，曾任清廷驻俄、德、奥、荷兰四国大臣。洪钧十分喜欢历史，在国外担任驻外使臣期间，在元史研究方面取得了较大成就。他充分利用外国著作，靠译员的帮助，补证史实，为元史的研究开辟了一个新的途径。经数年努力，编撰成《元史译文证补》三十卷，开创了中国史学界利用外国资料研究元史的先例。在国外时，他还创造性地改革中国

洪钧和赛金花

电报字码，使之与国外大致统一，不仅方便了彼此间的交往，而且为国家节省了巨额通讯费用。洪钧一生仕途可谓官运亨通，顺风顺水，但是在他晚年发生一件意想不到的事情，终结了他的性命。原来洪钧在国外曾以重金购买了一张俄制中俄边界地图，经校勘刻印后交给朝廷。由于不懂外文，将某地的卡哨画出中国国界。这张绘错的地图被沙俄公使收集了起来，作为两国边境争端的“证据”。此事，固属俄人无赖，后经各国洋务大臣的极力排解，总算弄清事实。然而，洪钧受到了沉重打击，悔恨交加，抑郁成疾，于光绪十九年（1893）八月二十三日病逝于北京，终年55岁。

赛金花，闺名赵灵飞，乳名赵彩云，清同治十一年（1872）十月九日生于安徽徽州黟县，后随父亲移居到苏州。1886年，在苏州河上的花船上为唱曲人，改名傅彩云。同年，状元洪钧回苏州守孝与赛金花初见，洪钧为其美色所倾倒。1887年正月十四，洪钧纳赛金花为三姨太，为其改名为洪梦鸾。因为赛金花之前为清倌人（即妓女），出身不是太好，所以这拥翠山庄的“庄”字多一点暗指赛金花是多余之人，这一个说法也有道理。清政府曾委派洪钧出使俄、德、荷、奥欧洲四国。洪钧的夫人不愿随洪钧前往，命赛金花随洪钧出访，并借诰命服饰给赛金花。因此，赛金花以公使夫人的名义出使四国。出使期间，她在柏林居住数年，到过圣彼得堡、日内瓦等地，周旋于上层社会，并且赢得了“东方第一美人”的雅号。在欧洲三年，赛金花凭她的聪明伶俐，居然学会了一口流利的德语，受到过德皇威廉二世和皇后奥古斯塔·维多利亚的接见。在此期间，赛金花与后来的八国联军统帅瓦德西相识，这为她日后保护北京埋下了伏笔。1900年，八国联军进入北京后，奸、杀、掠、抢无恶不作。赛金花因为通德语，与瓦德西取得了联系。她一边为慈禧求情，一边劝瓦德西和克林德夫人，希望德军整肃军纪，不要侵扰百姓。因此京城人对她多有感激，称之为“议和人臣赛二爷”，民间还称她为“护国娘娘”。赛金花于1936年去世，终年67岁。葬于陶然亭公园。著名画家张大千为她作肖像画，齐白石为她题写墓碑。她亲笔题写的“国家是人人的国家，救国是人人的本分”至今存于博物馆中。而“自古风尘出侠女”这一句话则是对赛金花一生的真实写照。

后人曾朴根据洪钧和赛金花的故事编写了长篇小说《孽海花》，为晚清四大谴责小说之一。

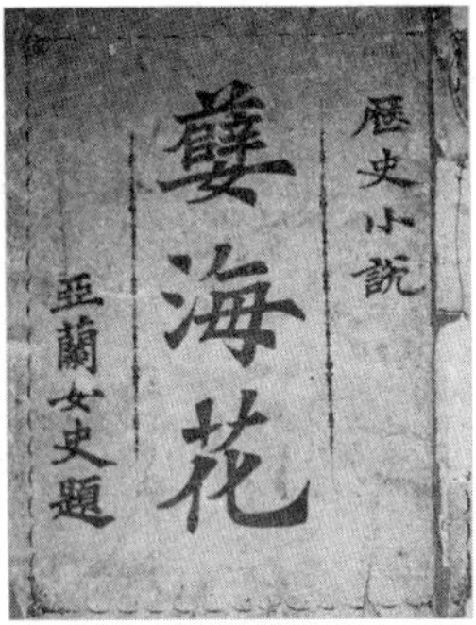

《孽海花》书影

试剑石

在上山道东侧有一块椭圆形巨石，正中有一道裂缝，似刀砍剑劈而成，故名“试剑石”。后竖有两块石头，一石上刻隶书“试剑石”三字，是宋绍圣年间吕升卿题；另一块石上用篆书刻着元代顾瑛一首诗：“剑试一痕秋，崖倾水断流，如何百年后，不斩赵高头？”

相传，春秋末年，吴王阖闾为争霸天下，命吴国铸剑高手干将、莫邪夫妇为其铸剑。干将、莫邪“采五山之铁精，六合之金英”，在苏州相门外设坊，开炉铸剑。四十九名童男童女，为铸剑鼓风添柴，但是，精铁不化。干将、莫邪又将自己的毛发指甲投入熔炉，可是炼了九九八十一天也不见成功，最后莫邪舍命投入炉中，才终于铸成两柄寒光森森的雌雄宝剑。干将把雌剑献给吴王。吴王当时正在海涌山上阅兵，见宝剑寒气逼人，光芒耀眼，连声赞叹：“好，好！”顺手将身边的巨石劈为两爿。现在苏州著名的“干将路”、“莫邪路”就是为了纪念此二人。此外另有两种传说：一说是秦始皇试剑所留下的。据传当年秦始皇在虎丘山掘得吴王殉剑，为了试其锋利，砍石所致。还有一说是秦始皇正准备挖掘吴王阖闾之墓时，却见一只白虎盘踞在坟上，拔剑斩虎，不料误砍石块，于是留下痕迹。宋代诗人杨备曾有《试剑石》一诗：

白仞凝霜照水寒，当时入匣便回銮。

试剑石

岩前片石犹中断，切玉如泥也不难。

1932年淞沪抗战爆发后，十九路军军长蔡廷锴将军来苏就医。来到苏州，免不了要游览一番江南春深的秀丽景色。在登上虎丘山后，蔡廷锴有感于吴王试剑的故事，一声长叹，奋笔疾书，写下《抗日军次登虎丘》一诗：

劫灰血泊掩长江，半壁江南不忍亡。

寇重已无磨剑暇，那堪尝胆救家邦。

其实，试剑石是一块典型的火山喷发的凝灰岩，在物理、化学、生物的作用下，沿着裂隙，久经风化，才出现了那一条形似剑劈的大缝。而吴王剑却是真实存在的，在苏州博物馆就珍藏着当年吴王所用过的宝剑——宝剑至今仍然寒光闪闪，可见当时吴地的铸剑技艺就已经达到了相当高的水平。

石桃

在试剑石斜对面，有一块形状如同桃子的巨石，名曰“石桃”。在苏州有一则广为流传的民间传说，说是当年孙悟空从蟠桃大会偷了仙桃出来，在回花果山的时候途经苏州上空，看见海涌山出没于波涛之中，情不自禁地叫了一声：“妙！”谁料，口中的一枚仙桃掉落下来，着地化作了这块石头，所以人们都说这块石头是极具灵气的——“一摸财运，二摸官运，三摸桃花运”。因为有了这个说法，凡是来虎丘游玩之人都喜欢去摸摸这枚石桃，沾沾仙气。

石上刻有“石桃”二字，乃旧时山上住持果严和尚所写。

石桃

枕石

在上山道北段西侧，有一块长约3米，宽约1米的石头，上面镌刻着“枕石”二字。据传，晋代著名高僧生公曾坐在这块石头上看经书，疲倦了就睡在这块石头上。这块石头又称“蜒蝣石”，因为它形如蜒蝣（俗称鼻涕虫），而且石头有黏质，小石子扔上去不会轻易掉下来。就因为此石有此特性，故旧时当地人有向此石上扔小石块来预测生男生女的

枕石

习俗。功能和现在的B超差不多，说来也够神奇的。

说起这个风俗的由来，与明朝苏州才子唐伯虎、祝枝山有关。当年，唐伯虎和祝枝山一同游览虎丘，而此时他们的夫人都身怀六甲，于是他们就相约站在距离枕石约三米远的地方朝枕石投小石子——谁投的石子能落在枕石上不掉下来谁就生儿子，否则就生女儿。唐伯虎把石子成功地扔在枕石上，而祝枝山扔的石子从枕石上弹跳下来。后来果真唐伯虎的妻子为他生了个儿子,而祝枝山果真添了位千金。这两位才子的趣事很快流传开来，寻常百姓纷纷来此仿效。

在《三笑》的故事中，枕石也有出场。据说秋香在这里为唐伯虎留下了“第二笑”：有一天秋香陪同华夫人上虎丘云岩禅寺烧香，唐伯虎就睡在这块石头上等她们下来。一觉醒来，正见秋香和华夫人下山来。这时，一阵风将唐伯虎的帽子吹落在地。他灵机一动，不用手去捡帽子，而是趴在地上，用头去拱帽子。此等行为，秋香见了哪能不莞尔一笑呢？正是这一笑，让唐伯虎觉得他和秋香之间“有戏”，继而，再接再厉去完成他的“三笑”大业。

真娘墓

在通往虎丘山上山之路的东侧尽头是真娘墓，这里安息着唐朝一位洁身自爱的奇女子，历代文人骚客为她留下许多诗篇。《吴地记》载：“虎丘山寺侧有贞娘墓，吴国之佳丽也。行客才子多题墓上……”

真娘，也叫贞娘，本名胡瑞珍，北方人。唐朝安史之乱时，逃难来到苏州。父母双亡后，真娘堕入青楼。她能歌善舞，才貌出众，又擅长琴棋书画，名噪一时。为了生计，暂且在青楼安身的真娘卖艺不卖身，众多权贵富商垂涎她的美色，可均被她拒之门外。当时苏州城内有一富贵人家的子弟叫王荫祥，一来二去爱上了真娘，想和她结为夫妇。可真娘早有婚配，虽由于战乱和未婚夫失去联系，但真娘誓不他嫁。王荫祥不甘心，于是他给了老鸨重金，想让老鸨说媒，要留宿在真娘这里。老鸨的允诺，让真娘再也无法苟且偷生，她最后选择了悬梁自尽，以死守身。王荫祥得知真娘已死，懊悔不迭，于是将真娘厚葬于虎丘山，建亭纪念，并在真娘墓周遍栽花卉，号称“花冢”。

从此，到虎丘山的游客才子看到真娘墓，都要去凭吊一番，留下几首诗。而诗文无非就是“红颜薄命”、“可惜了”等感慨。直到后来一位叫谭铢的举子愤然写了一首诗后，那些感叹的诗文“稍稍息笔”。谭铢的诗是这样写的：

武丘山下冢累累，松柏萧条尽可悲。

何事世人偏重色，真娘墓上独题诗。

世人都以真娘的美色而感慨，谭铢责问为何“偏重色”？真娘的死说明了什么？一个动荡的时代，一个男尊女卑的年代，一个弱女子为何连守住自己的一点真爱都不能？那些所谓的文人，不寻找其间的原因，却在此胡诌了些什么？

其实，唐时的白居易、刘禹锡、李商隐等著名诗人也特地写诗纪念真娘。其中白居易的《真娘墓》一诗流传至今：

真娘墓，虎丘道。

古真娘墓　张遇摄

不识真娘镜中面，唯见真娘墓头草。

霜摧桃李风折莲，真娘死时犹少年。

脂肤荑手不牢固，世间尤物难留连。

难留连，易销歇，塞北花，江南雪。

白居易在敬宗宝历元年（825）出任苏州刺史时，在一年多的任期内，曾十二次游历虎丘，重开虎丘寺路，种植桃李莲荷二千余株，并且在凭吊真娘墓时，怀着无限惋叹之情写下了此诗。流露出诗人对这位洁身自好的薄命红颜的无限怜惜之情，也流露出诗人对这世间上的美好事物总是难以久存的感慨。亭西石柱上书清刘墉旧联：

香草美人邻，百代艳名齐小小；

茅亭花影宿，一泓清味问憨憨。

亭下路侧大石刻有“香魂”二字。

“香魂”石刻

《真娘墓歌》诗碑

千人石

千人石是虎丘景区的核心景点之一。这里的地势宛如巨大浅盆的底部，四周隆起的地方，东、南松柏低窥，西、北轩阁迭连。在这里既可看剑池，又可望宝塔，境界开朗，景色壮丽，游人常在这里竞相摄影留念。

相传阖闾墓造成后，吴王夫差与奸臣伯嚭恐工匠泄露墓中机关，便以饮酒看鹤舞之名邀请曾参加修筑坟墓的一千多名工匠来到石上，将他们全部杀死。工匠的鲜血渗入石中，浸成暗紫色，日久不褪，所以千人石看上去略带有暗紫色的斑驳印痕。据传，这上千名工匠死了以后，原本平整的巨石，忽然突出几处来，凡是人在上面行走，总要跌下来跌死的。后来，人们便修筑了一座金刚经石幢和一座弥陀经石幢，来超度死者。从此，异相销声匿迹。纵观历朝，帝陵建造结束后，屠杀工匠的事屡见不鲜，而这些民间传说，是在用另一种方式谴责统治者，表达对死者的同情。

据现代地质学家研究，千人石上的暗紫色斑痕是因为此石块是典型的流纹岩，即酸性火山喷出岩，所以呈现出殷红色。千人石呈斑状结构，半晶矿物细小，石基矿物多呈玻璃质，风化不深，流纹状构造明显，组织致密。矿物除长石、石英外，还有一定数量的铁、镁等物质。据科学家考察，在距今一亿五千万年前的白垩纪与侏罗纪期间，苏州地区曾发生多次岩浆侵入，形成今天大片灵岩花岗岩区。在一些

千人石

地壳薄弱的地方，岩浆直接喷出地面。火山爆发，炽热的熔岩缓慢地向四周流动，迅速冷却成流纹岩。虎丘是一座火山丘，当时的火山口，大约在今天的虎丘和西津桥之间。大面积的流纹岩，在苏州地区十分罕见，所以千人石极为壮观，“乃他山所无”（《吴郡志》）。

千人石又叫“千人坐”，《太平寰宇记》称：“涧侧有平石。可容千人，故号千人坐”。《吴郡图经续记》称：“生公讲经，下有千人列坐，故名。”相传晋代高僧竺道生（即生公）在此讲经说法，石上列坐而听者达千人。据《高僧传》载，竺道生本姓魏，巨鹿人。幼年颖悟异常，年十五便登座讲经，宏论侃侃，“虽尊宿名儒皆虑挫词穷，莫敢酬抗”。竺道生精通佛典，才华出众，在京城布道时受到皇帝的器重。但因他创立了一阐提人（即恶人）有佛性说，为旧学所不容，被僧俗逐出京城，便到江南一带传经说法。起初人生地不熟，无人听讲，就在虎丘“聚石为徒，与谈至理，石皆点头”（《十道四蕃志》）。这就沿袭成“生公说法、顽石点头”的典故。千百年来苏州人为此津津乐道。古人吟咏此事的诗作颇多，如唐代诗人贾岛《千人石》诗云：

上涉千人坐，低窥百尺松。
碧池藏宝剑，寒涧宿潜龙。

还有宋代诗人杨备的《千人坐》云：

海上名山即虎丘，生公遗迹至今留。
当年说法千人坐，曾见岩边石点头。

又如元代顾瑛的《点头石》诗云：

生公聚白石，尘拂天花坠。

千人坐

生公讲台

可怜尘中人，不解点头意。

生公说法时，邻近的白莲池中千叶莲花盛开，似乎也领略了经义的奥妙。后来生公的信徒越来越多，登台讲经时，千人石上座无虚席。最有趣的是，传说生公说法时，有鬼化成人形也来听讲，被生公识破。生公喝道："何不为人去？"这鬼估计以前也是一个读书人，以诗对曰："做鬼今经五百秋，也无烦恼也无愁。生公劝我为人去，只恐为人不到头。"旧时虎丘西岭还有生公池。生公到日，其水骤盈；生公既去，其水忽涸。被称作"生来池水满，生去水池空"。这些动人的传说，为虎丘增添了不少禅意。

现石壁上有摩崖石刻"千人坐"，乃明代苏州知府胡缵宗所书；"生公讲台"乃唐代李阳冰所书，分刻四石，其中三字为原刻，"讲"字由马之骏补刻。李阳冰工篆书，后世学篆书之人都以他的字为范本，有"笔虎"之称。白莲池中有块呈方形的石头，斜叠在他石之上，上刻"顽石"两字。千人石周围景色优美，峭壁高崖，深邃莫测，藤萝密布，绿水荡漾。《吴地记》称："虎丘泉石，其最胜者剑池、千人坐。"

点头石

二仙亭

俗话说“山不在高，有仙则名”，虎丘二仙亭之中就有着两神仙。

这二仙亭在千人石北侧，亭高约五米，精工细雕，古朴浑厚，全以优质花岗石制成。这亭子原来是宋代建筑，重筑于清朝嘉庆年间。亭枋上有双龙戏珠浮雕，立体感强；斗拱四周雕有鹤鹿图案，形象生动，寓意吉祥。亭中有两块石碑，分别雕刻有两个神仙，一个是陈抟，另一个是吕洞宾；陈抟背扛月牙铲，铲悬草帽，手持芭蕉扇，上镌陈祖邻序；

二仙亭

吕洞宾头有发髻，长须飘逸，上镌纯阳吕祖师自叙碑。

亭内柱上有联云：

梦中说梦原非梦；

元里求元便是元。

亭外柱上有联云：

昔日岳阳曾显迹；

今朝虎阜再留踪。

陈抟像

这二仙中的其中一仙陈抟，字图南，号扶摇子，赐号希夷先生，老子故里真源县（今河南省鹿邑县太清宫镇陈竹园村）人，五代时期著名道教学者、隐士。陈抟是极富有传奇色彩的一代宗师。他继承汉代以来的象数学传统，并结合黄老清静无为思想、道教修炼方术和儒家修养，对宋代理学有较大影响，后人称其为“陈抟老祖”、“睡仙”、“希夷祖师”等。隐于武当山九室岩，移华山云台观，多著述。另一仙人吕洞宾，原名吕嵒，字洞宾，道号纯阳子，于唐德宗贞元十二载丙子年（796）农历四月十四生于永乐县招贤里（今山西省芮城县永乐镇），是著名的道教仙人，八仙之一，道教全真派北五祖之一，全真道祖师，钟、吕内丹派、三教合流思想代表人物。

吕洞宾像

相传有一天这两大仙在这里下棋，一樵夫看到，于是就走过来看他们下棋，看完一盘棋，下山回到家中，可是谁也不认识他，后来人们从樵夫的衣着打扮上猜测他是千年以前的人。所以后人有这么一句话："仙人一盘棋，世上已千年。"

孙武练兵场

在千人石东岭有孙武练兵场，是为纪念春秋时期《孙子兵法》著作者孙武而开设的一处场所，上有平整的上千平方米广场，还有孙武子亭。1985年国防部部长张爱萍将军游览于此，特题字于石碑之上以作纪念：孙子兵法，克敌制胜。娇娘习武，佳话流传。

孙武是春秋时吴国名将，我国著名的军事家。相传当时孙武以他的兵法十三篇进献给吴王阖闾，吴王研读过后十分赞赏，但提出要孙武演示一下怎么训练军队。孙武将180名宫女分作两队进行操练，以吴王的两名宠姬担任队长。随后，孙武下令击鼓操练，鼓声响起之后，宫女们只觉得新鲜有趣，都嘻嘻哈哈大笑起来，没有听从号令。孙武见此情景，自责自己的规定不明确，又把军法军令和操练要领详细

孙武像

孙武练兵场

孙武子亭

交代了一遍，还特意训示了两名队长，要求她们带头听从号令。交代完毕后，孙武亲自击鼓，发令前进。但是两队宫女仍然嬉笑不止，如同儿戏。孙武面对着宫女们的嬉笑，严肃地说："规定不明确，约令不熟悉，这是将帅的罪过。既然已经反复说明了，你们仍然不执行命令，那就是下级军官的罪过了。"说完孙武就下令将两名队长斩首。吴王在看台上看到孙武要杀自己心爱的妃子，大为震惊，急忙派人制止。孙武大声说道："将在外，君命有所不受。"说完便杀了这两名队长。见此情状，宫女们哪敢再嬉笑，都随着鼓声的响起认真地操练起来。于是孙武向吴王报告：队伍已训练整齐，君王可以随意调遣，赴汤蹈火也不成问题。由于孙武执法严明，吴王也以国家大事为重，最后吴王非但没有责罚孙武，而且还对孙武更加敬重。

剑池

在千人石正北的石壁上，刻有"虎丘剑池"四个大字，铁画银钩，笔力遒劲，而剑池也是虎丘最神秘、最吸引人的古迹。

据《姑苏志》载，这四个字原为唐代大书法家颜真卿所书，后来因年久风化，"虎丘"二字逐渐湮没，在明代万历年间（1573—1620），官至户部主事的马之骏游历苏州，看到"虎丘剑池"碑断没在泥中，字迹模糊不清，便邀请章仲玉照原样勾摹重刻。又在"虎丘剑池"的"虎"字左侧写下题跋：

虎丘剑池

“虎丘剑池”为颜鲁公书，旧石刻二方，方二字，龛置剑池彷壁间。予求章仲玉氏勾勒镌之别石，出旧“剑池”二字于土中，与新摹“虎丘”字并益以石座，庶可传久。“生公讲台”篆书四字，传为蔡忠惠公笔，一云李阳冰笔，“讲”字亦残毁，如“虎丘”字新刻之。其二字旧断石，俱着之壁间，以备后之考古者。

在这段文字之后，马之骏还介绍了苏州篆刻名家仲玉，称他为“吴中名手”，在勾摹此石后不久就去世了。这四个字堪称绝笔。

因为这一段公案，所以在苏州有“假虎丘，真剑池”的说法。但也有人认为，“假虎丘、真剑池”是暗指阖闾墓的秘密。

进入“别有洞天”的圆洞门，东崖壁刻有“风壑云泉”

别有洞天

王羲之手书“剑池”二字

四字，笔法圆润，为宋代米芾所书；西崖篆刻“剑池”二字，宛转古拙，相传为晋代书圣王羲之所写。据民间传说，王羲之来虎丘游玩时，看见池中有两只鹅，一白一黑，十分可爱，便想买为己有。当时一个老者对王羲之说，只要他写下“剑池”二字，这两只鹅即可奉送。王羲之大喜，欣然命笔，岂料当他写完“剑池”二字，这老者早已不见，而这池中的两只鹅也变化成一龙一虎，蹲踞在山头。这也就是“虎踞龙盘”这个成语的由来。石壁下，两崖划开，中涵一池绿水。池形狭长，南稍宽北微窄，模样像一口平放着的宝剑，当阳光斜射水面时，给人以寒光闪闪的感觉，即使是炎炎夏日也会感觉凉飕飕的。水中可见一道石桥的影子，抬头望去，拱形的石桥高高地飞悬在半空，此情此景显得十分奇险。石壁上长满苔藓，藤萝野花又像飘带一样倒挂下来。透过高耸的岩壁仰望塔顶，有如临深渊之感。据方志记载，吴王阖闾墓就在剑池下。《越绝书》称：“阖闾冢在虎丘山下，池广六十步，水深一丈五尺。”《吴地记》称：“阖闾葬其下，以扁诸、鱼肠等剑三千殉焉，故以剑名池。”元代顾瑛《剑池》诗云：

地坼重渊积，人亡宝剑藏。

千年断崖月，何处照龙光。

唐代的《通幽记》称：“虎丘寺，世言阖闾陵，有石穴出于岩下，若嵌凿状，中有水，深不可测。”并用一则神怪传说以示水深：唐永泰年间（765—766），有一少年经过剑池，见一美女正在池中沐浴。美女要少年一起嬉戏，并牵拽少年下水，数日后少年尸体浮出，身尽干枯。原来是一恶蛟潜藏水窟，伺机变成美女媚人以吮血。这一说法在唐代颇为流行，贾岛《千人石》中就有“碧池藏宝剑，寒涧宿潜龙”这一诗句。

另据《元和郡县图志》等记载，秦始皇和孙权曾先后凿山以求珍宝，一无所得，其凿处遂成深涧。宋代《朱长文余集》中有文记载说：“剑池盖古人焠剑之地。”并有诗云：

万丈深潭挟两崖，削成奇壁自天开。

龙泉一焠名因得，不待秦皇发冢来。

王禹偁《剑池铭并序》则认为：“虎丘剑池，泉石之奇者也，匪由人力，盖自天设，池实自然，剑何妄传。”在《山志》等书中还有这样的记载：“宋戊子岁忽干，膜中见石扉，游人竟下探之，岩壁上有明代幽宫题记：‘闻见池枯，见吴王墓门，偕往观焉’。”为此王鏊还写了一篇《吊阖闾赋》，表示一番感慨之情。总之，剑池究竟是怎样形成的，吴王墓是否在剑池下面，一直众说纷纭，从无定论。

剑池水终年不干，清澈见底，可以饮用。唐代李秀卿曾品为“天下第五泉”。宋代张栻曾有《剑池赞》云：“湛乎渊渟，其静养也。卓乎壁立，其自守也。历四时而无亏，其有常也。上汲而不穷，其川不胶也。其有似乎君子之德乎？吾是以徘徊而不能去也。”

1955年整修虎丘时，首先疏浚剑池，并且有重大发现。当时曾刷洗苔藓，核实剑池东侧岩壁上确实有明代长洲、吴县、昆山三县令吾翕等人以及唐伯虎、王鏊等人的石刻记事两方。石刻说，明正德年间（1506—1521）剑池水干，于池底发现吴王墓门。后来又戽干池水，出清污泥，明显看出石壁自上到下切削平直，池底平坦没有高低欹斜，显然是人工开山凿石所成。池南有土坝一个，与石壁三面相连，面积约

米芾手书“风壑云泉”四字

四只八仙桌大小，低于平时水面三尺，是人工筑成用于蓄水的。而在池北最狭处，发现一个三角形的洞穴和一条向北延的隧道，可容身材魁梧的人正常出入，举手可摸到顶，从上到下，方正笔直。尽头处为一喇叭口，前有四块人工琢成的长方形石板，一块平铺作底，三块横砌叠放着，好似一块大碑。这四块石板的质地不同于虎丘本山的火山岩，表面平整。由于长期受到池水的侵蚀，显露出横斜稀疏的石筋。根据形制分析，这是一种洞室墓的墓门。剑池是竖穴，南北向，池底的石穴是通路，这与春秋战国时代的墓制形式是完全相符的。据记载，“阖闾之葬，穿土为山，积壤为丘，发五郡之士十万人，共治千里，使象运土凿池，四周广六十里，水深一丈，铜椁三重，倾水银为池六尺，黄金珍玉为凫雁”。这样夸大的描写，虽然不一定可信，但作为春秋五霸之一的吴王之墓，建筑规模肯定很大，墓室设计也必然会相当精密、隐秘。据说秦始皇的墓穴也是仿照吴王阖闾所筑，其中放置铜棺椁在水银做成的江河大海上面，水银用机械相灌输以流动，内里置满了珍宝。另据现场观察，以剑池西南的第三泉为起点，以剑池为中心，存在着一条水道系统。每当梅雨季节，剑池池水满溢，可由地下水流入千人石上的明沟，再流入白莲池，然后经过五十三参一带的地下水道流入东面低洼地。剑池很可能是为了掩护吴王墓而设计开凿的。墓门后面也很可能存在着诸多秘密，但是吴王墓是否在剑池下面，有待今后科技水平发达后进一步探测发掘。

虎丘塔

虎丘塔位于虎丘山巅，原名云岩寺塔，是苏州古城的标志性建筑，也是苏州的象征，还是中国现存最早的楼阁式砖塔。

虎丘塔是一座平面八角形，高七层的砖身木檐仿楼阁形宝塔。这虎丘塔有何历史传说，又于何时建造，现今的状况如何？现为大家细细道来。

关于虎丘塔的来历，有着一段十分有趣的传说。

虎丘塔

钱穀《虎丘前山图》中的虎丘塔

太湖边上有一座小山叫官山，官山南边有个小村庄叫上浜村。这一带土地肥沃，风景优美，人们的生活过得十分滋润。可是到了五代十国的时候，天下大乱，军阀割据，没日没夜地打打杀杀，你争我夺。在这兵荒马乱的年代，田园荒芜，百姓四处流浪，日子都没法过了。忽然有一天，大白天突然变得灰蒙蒙的，一会儿后就黑得伸手不见五指，接着电闪雷鸣，狂风暴雨，在这大雨中还听得“轰隆隆”一声巨响。待到风停雨住，人们出门一看，只见从天而降一座宝塔，正竖立在村边，遮住了太阳，阻挡了道路。

百姓们看到突如其来的一座宝塔，不晓得是福是祸，议论纷纷。这时候有个一心想做皇帝的人，觉得机会来了，就拍手唱道：“喜事，喜事！宝塔镇龙地，皇帝出这里！”可是村民们一听，气不打一处来——百姓们可不欢迎那些争权夺位的人，他们怕这里会因为这个预言遭受兵戎之灾，一商量，决定砸毁宝塔。

村里的男女老少，拿着各种工具，人多手快，三下五除二便把这塔顶、檐角都砸毁了，塔身也砸歪了，真是遍体鳞伤。这宝塔似乎是有灵性的，竟然拔地而起，飞上天空。这座宝塔在天空飞啊飘啊，也不知道飞了多久飘了多久，突然有一日正巧碰到刚大闹完天宫的孙悟空。孙悟空看到这座宝塔甚是喜欢，决定带回花果山。当孙悟空飞到苏州上空时，瞧见一座小山峰，景色秀丽，再低头细看，只觉和花果山一样秀美，直乐得抓耳挠腮，忍不住手舞足蹈起来，还连连叫：“妙！妙！”这一高兴不要紧，宝塔却不慎掉落。失手的宝塔正好不偏不倚地落在虎丘山上。可惜没有放正，有点斜。从此这座宝塔就一直斜斜地矗立在虎丘山上。

传说归传说，让我们言归正传，看看历史上的虎丘塔到底是何时所造。据方志记载，云岩寺塔建于隋仁寿元年（601），借王珣琴台旧址而筑。“造基掘地得古砖，函内有银盒，获舍利一粒，置水瓯中，旋绕呈祥，同藏大塔”（《高僧传》）。“虎丘造塔，初立塔基，掘得一舍利，空中天乐鸣，井中吼三日”（《吴郡志》）。原来佛塔本是供奉舍利的建筑物，是随着佛教由印度传入的。舍利是梵文音译，原意是尸体或者身骨，是佛教徒心目中至高无上的神圣物品，因此云岩寺塔有以上种种神异的传说是不足为奇的。

清朝顾禄曾就云岩寺塔是否真是隋代所建做过考证，他通过南朝陈张正见《从永阳王游虎丘山》诗中“远看银台竦，洞塔耀山庄”之句，及江整《虎丘》诗中“宝塔据高垄，经台镇岭头”之句，确定了隋仁寿年以前虎丘已有宝塔。

到了1954年，古建筑专家刘敦桢先生亲自参加云岩寺塔的勘察工作，后发表文章，详细介绍了此塔的建造时间。从杨坚建塔诏书以及《庆舍利感应表》等文献得知，隋仁寿元年（601）所建舍利塔三十座，全是“有司造样送往当州”的木塔，木塔的平面应该是方形。据现存的遗迹看，盛唐以前是没有八角塔的，盛唐以后到五代初，也仅有两座单檐八角塔。可以说，隋仁寿年间（601—604）在虎丘建塔，方志上虽确凿有据，但绝不是现在的云岩寺塔。五代中叶后，出现两种木塔式样的多层砖石塔。第一种在砖造塔身外面，再加木构腰檐数层；第二种塔身腰檐平座勾栏等全部用砖造或石造。在式样上，云岩寺塔属于第二种类型，而外檐斗拱

《云岩寺塔重修碑记》

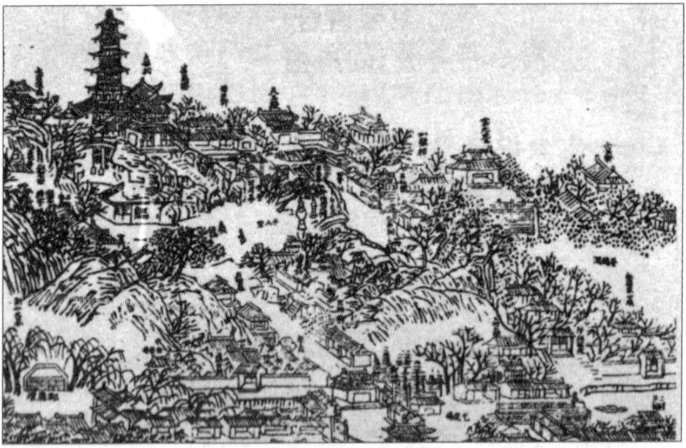

《虎阜志》中的《前山图》

《虎阜志》中的《后山图》

用砖木混合结构，又表示与第一种有关系，应该是这一时间段的产物。另据塔砖有“武丘山”、“弥陀塔”等字样，刘先生由此推定云岩寺塔建于五代末期，而全部完成可能在北宋初期。

虎丘塔还是一座名副其实的宝塔。在1956年3月，工人们正在整修云岩寺塔时突然有了重大发现。原来工人在塔的第二层正西门口边沿灌浆时，屡灌不满，觉得其中似乎有空隙，揭开部分砌砖，发现孔道中藏有文物。之后，又在塔的第三层、第四层相继获得了一批文物。这些珍贵的文物有五代及宋朝的石函、经箱、铜佛、铜镜、越窑青瓷莲花碗等，为建筑、雕刻、丝织、刺绣、陶瓷等诸多工艺提供了极有价值的历史资料。如楠木经箱一件，器身用黑漆修饰，接缝处包镶银质鎏金花边，上刻精细的莲花及凤尾图案，盖面分钉鎏金角形莲花四朵，中心交错飞翔凤凰一对，刻画细致，工艺极精，是目前发现制作较好的宋代漆器。莲花碗瓷质细腻，光润如玉，形如大瓣莲花，是越窑精品。经书是由丝绸绣制品包裹的，可见苏州刺绣在宋初已很发达了。尤其是楠木经箱的底部，写有建塔年代，进一步证实了刘先生的推测：云岩寺塔始建于五代周显德六年（959），落成于北宋建隆二年（961），距今已有千年之久。

虎丘塔历经七次火劫，现存的主要为砖砌塔身，塔身由外壁、回廊和塔心三部分组成。塔顶铁刹已倒，原高度无法知道，现塔高约为48米。虎丘塔整体比例上下适度，由下而上各层高度并非有规律地递减，第六层反比第五层高20厘米，十分罕见。塔径逐层向内收缩，塔的垂直轮廓仍呈微微鼓出的曲线，每面又以塔柱分为三间，中央一间为塔门，上部做成壶门式样，左右两间是砖砌直楞窗，从塔门至回廊有一走道，廊内是塔心。塔内各层多模仿木结构形式，以砖叠砌成大小斗拱和各式藻井。额枋、壶门、斗拱和天花藻井等处，有浮雕式彩绘，下几层均为牡丹花样，上层彩绘是太湖石图案。画面简洁，色彩庄重。

站在塔下仰视宝塔，塔体古色斑斓，略向北欹。经专家勘察，发现塔基很浅，直接建在黏土层上，而西北山坡相当陡峻，后因基床泥土松动，引起塔身倾斜。明崇祯年间改建第七层时，为了纠正塔的偏斜，曾将第七层向东南移过少许。所以按理第七层地位最高，应偏斜得最厉害，但事实上仅微倾些许。近三百年来，塔身不断向西北倾斜，苏城百姓都担心这座宝塔要倒坍，也都想出一把力。在苏州农历二月二有吃“撑腰糕”的风俗，这就和虎丘塔有关。据说有一年的农历二月初一夜里，苏城全城老百姓都做了一个梦，梦见虎丘塔要倒，随后全城男女老少都一起用力去托正宝塔，经过一夜的努力，宝塔终于安然无恙。第二天早上，男女老幼个个喊腰酸背痛，觉得晚上一夜没睡好，似乎昨晚干了什么大工程却又说不出来，家家户户都蒸糕点吃补充体力，从此二月二吃“撑腰糕”的风俗就流传开来了。

那么虎丘塔为何能够矗立至今却只是倾斜而不倒呢？专家学者们经过长期的研究大致找到了三个主要原因：第一，塔基为基岩山体；第二，结构设计与施工砌筑技术优良；第三，施工工期长。这里主要跟大家介绍下第二点，虎丘塔的垒砌搭配技术是相当成熟和优良的。从已经揭示的

倾斜的虎丘塔

砖墙体裸露的部分来看，多为一层钉砖加一层顺砖的砌法，也有在一层中顺钉相间的砌法，在楼层连接处和腰檐、平座伸出处以叠涩法砌筑，并在顺钉砌筑层上下夹砌斜出的砖砌层，即所谓的“菱角牙子”做法。虎丘塔条砖规格基本一致，砌筑搭配合理，使得虎丘塔仍保持较高的整体强度和优良结构。成熟的叠涩砌筑法将虎丘塔的上、下和内外塔壁联结成一个整体，形成类似内外两个塔体套合在一起的结构，称之为套筒结构，其形体相当于内塔连接着一个外塔，叠涩砌筑砖层又连接内外塔壁，又作为楼面使用，比之西安唐初的大、小雁塔的单筒木板楼面，无疑是一种进步和成熟。大、小雁塔的单筒木板楼面结构，在水平方向的横向联结极差，遇有沉降倾斜和外力冲击时，易发生损坏和断裂，大、小雁塔在历史上都发生过断裂等损坏情况。而虎丘塔的这种套筒结构在抵御外力冲击时要优良很多。虎丘塔采用的八边形筒体也使抵御外力的能力大为增强，因为八边形比以往的四边形更接近圆形，容易化解外来冲击力。

我们知道，与虎丘塔同时代的杭州雷峰塔在20世纪30年代倒塌，而到了20世纪50年代时，虎丘塔也岌岌可危，不仅倾斜严重，而且周身裂缝遍布，最宽处达80厘米。1956年，人们采用铁箍盆浆法，如箍桶一样，把每层塔用钢筋箍起来，地基灌浇水泥，有效地消除了裂缝。关于1956年修塔还有一则有趣的故事。当年开会讨论修塔方案时，有一名老工人坐在墙角微微地笑，专家们见他胸有成竹的样子，便请他发言。老工人再三推辞后，终于提出了箍桶匠修桶的原理和方案，引得专家们哄堂大笑，此事便被搁置。不久来了一名苏联专家，当他看完虎丘塔下山时，陪同人员讲了有关老工人的故事，苏联专家十分感兴趣，又上山研究，根据箍桶原理，终于具体制定了修塔方案。从1981年起，维修人员用了5年的时间加固地基。在塔基下打了44个孔，灌钢筋水泥，在44个桩下做水泥壳体，地下防水，更换部分砖体，制止了塔身的继续倾斜。

西安大雁塔旧影

杭州雷峰塔旧影

致爽阁

致爽阁位于虎丘塔西南，在山的最高处。取“四山爽气，日夕西来”之意命名。康熙年间曾将此阁纳入行宫。民国年间寺僧宣楞募捐重建于今址。致爽阁现为虎丘最高的一处建筑物，前后左右均为长短玻璃窗，且有回廊环绕，设计精雅。廊外平台开阔，微风扑面，远处群山罗列，层峦叠嶂，游人到此，总有心旷神怡之感。顾瑛的《致爽阁》一诗描述贴切：

高阁对西山，飞岚落几间。

开襟致秋爽，心与白云闲。

致爽阁内景

古石观音殿

石观音殿遗址位于千人石西，面积30余平方米。石观音殿始建于北宋熙宁七年（1074），已有900多年历史。这一石制殿式建筑是目前江南所见较早的一处石头建筑，在虎丘山上年代仅次于虎丘塔，是一处具有较高文物价值的宋代“宝贝”。

石观音殿的建成，来源于一则传说。北宋天圣年间（1023—1032），湖州臧逵、臧宁兄弟十分孝顺，侍奉双亲十年如一日。后来臧逵积劳成疾，由于没钱治病只好每天口诵观世音菩萨名号以求其保佑，一晚梦见白衣人针其耳，毛病马上好了。兄弟俩便发愿雕观音像，但不清楚具体的模样，有一天臧逵又梦见了白衣人，醒来连忙追忆画其形象，最后所绘的大士容貌清秀，慈祥可亲，体态健美，神态庄重，使人肃然起敬。时人看了无不称好，谓之应梦观音，传为佳话。臧逵从湖州到苏州，募众立像，历时十年，百姓知道他的孝心后，纷纷捐助。他又在洞庭西山觅得太湖美石一方，“玉润而金声”，非同一般。臧宁按图用心琢雕，遇到细微之处为难之时，晚上亦梦感心得，如有所授。经过十年精雕细刻，石观音像栩栩如生。臧逵画应梦观音图和臧宁刻石观音像，惊动朝野上下，佛门诸宗。熙宁六年（1073），官、佛、民各界一致在佛教名山虎丘的第三泉南、千人石西辟地建起了石观音殿。翌年九月，石观音殿竣工，开光之日，人

古石观音殿

古石观音殿内庭院　张遇摄

潮如涌。极其珍贵的是，上自宰相、尚书，下至知府、知县，公卿大夫曾公亮、胡宗愈、沈括等 92 人，每人书《普门品》一行，“墨妙下具书人官阶、姓名，勒之石壁，以永其传，斯一时之盛事”。史称“熙宁经刻”。乾隆年间的《虎丘前山图》上清晰标记。虎丘第十代禅师释子英，能诗工书，博学多才。苏州府学教授朱长文称其“深道精微”。子英书“释迦文佛”四大字刻于熙宁经刻侧石。钱大昕称“释子英诸大字，虎丘绝不一及之”。八百多年后的民国十五年（1926），李根源游虎丘，也赞叹“释迦文佛”四字，大小与“虎丘剑池”四大字相等，笔力雄浑，比“虎丘剑池”四字还要好。

另据明《虎丘山志》载，元末常遇春打败盘踞虎丘的张士诚，“寺中以（应梦观音）图和铜香炉献之，王不接受。麾下士取画像去”。后来此画被常州范某得到。开始，这范某不知道画是虎丘山的东西。一天夜里，他母亲梦见一女子说：“送我回去。”母问：“还到哪里？”女子回答说：“虎丘。”母看见画像上有“虎丘”的字样，便嘱咐下人送回虎丘。运画的船路过浒墅关的时候，被贼偷去。后来有人买了此画，在睡觉时也梦见女子说：“我家在虎丘，送我回去吧。”那人是信佛的，不敢怠慢，就把那幅流落江湖、几经转辗的应梦观音画像送还虎丘。

庭院中保存有原迹，展示残件，并在四周廊屋中新刻《白描观音图》和《观音经》石刻，南墙上有应梦观音殿故事石刻画和《虎丘石观音殿遗址保护记》碑。

五十三参

在白莲池东，有通向虎丘山寺的五十三层石阶——走砌石。走砌石又名玲珑栈，俗称五十三参，取佛经“五十三参，参参见佛”之意。第二十七层较为宽广，中间铺就方石一块，供作拜台。

五十三参是佛教的一个典故。相传，观世音菩萨身边有一对童男童女，左为善财童子，右为龙女。善财童子学道时，拜了五十三个师傅，最后才拜到了观世音菩萨门下，修成正果。

还有个传说，说在一个晴朗的秋日，有位叫“性存子”的高士来虎丘秋游。云岩禅寺主持德垢法师指着千顷云阁介绍说：“宇宙之间，人物之众，荣枯生灭之相钱，盈虚消息之相禅，就好像天上的云一聚一散，没有常态，所以用‘云’来为此楼阁命名，为的是使前来游玩的人能够悟出这个道理。”性存子闻听此言，哈哈大笑，说：“大师，此言差矣。虚无缥缈、忽有忽无者是云，然而云永远不会消失；忽存

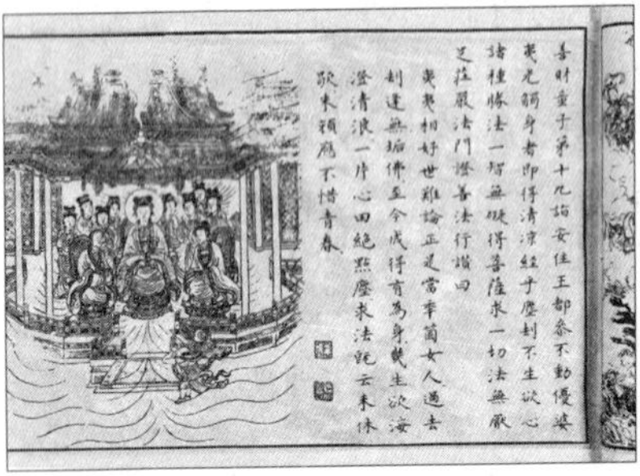
《善财五十三参图赞》

远观五十三参

忽败者是世道，而世道也没有穷尽的时候。大师你这样教导人，认为天地间终究虚空。有形的东西终究有灭亡的气数，而天地日月是永不终息的，这是显而易见的。认为云总是存在的，世间的一切都是真实的，这叫做‘束缚’；认为云是虚空的，世间的一切都是虚幻，这叫做‘超脱’。倘若你懂得《易经》，懂得‘道’，就懂得云。我不学佛，怎么会用佛家的道理认识云呢？”德垢法师顿悟性存子的高深道理，于是将这段对话写进了《千顷云记》中。

因为山势较陡，据说，过去的妇女来虎丘大雄宝殿烧香拜佛后，坐轿子下山时担心坠落，轿夫往往倒抬着轿子往山下走。诗人鲍步江见此情景，用幽默诙谐的语气写了一首诗，诗中有这样的句子：“妾自倒行郎自看，省郎一步一回头。”

勾践洞

在五十三参东面。成语“卧薪尝胆”就出于此，据《东周列国志》记载，吴王夫差大败越国后，越王勾践被迫作为人质来到吴国，夫差命令王孙雄在阖闾墓的旁边造一个石室，让勾践夫妇居住，为他养马。相传，此洞即当年勾践夫妇栖身的地方，所以名为“勾践洞”。

这个洞还有一个名字，叫“仙人洞”。有个传说讲，在晋朝有一卖橘老人偶然走进这个洞，看见两个大仙在这里下棋，所以后人把这里称为“仙人洞”。另一说，此洞与四川峨眉山相通，往返只需一日，后被当地花农发现，泄漏了天机，于是山洞被堵死，也就再不能通往峨眉山了。

大雄宝殿

高踞于五十三参之上的大雄宝殿，仅仅是当年虎丘山寺的一座天王殿而已，当年虎丘山寺的盛况，由此可见一斑。现在借助方志，尚可了解虎丘山寺由创建至兴盛而后毁败的历史。

当年，东晋司徒王珣及其弟王珉于咸和二年（327）舍宅为寺，名虎丘寺，分建于剑池东、西两处，寺宇颇为壮观，后来逐渐成为东南名刹，其间晋僧竺道生、梁僧憨憨尊者

勾践洞

仙人石

均在寺中住持。唐初避太祖李虎讳，该寺改名为“武丘报恩寺”，仍为东西两寺，大书法家颜真卿有“不到东西寺，于今五十春”的诗句。唐会昌年间（841—846），武宗灭佛，武丘寺亦遭毁损。原来在唐代后期，由于佛教寺院土地不用缴纳税金，僧侣又可免除赋役，佛教寺院经济过分扩张，损害了国库收入，与普通地主也存在着矛盾。另一方面唐武宗崇信道教，深恶佛教，会昌年间又因讨伐泽潞，急需财政物资，在道士赵归真的鼓动和李德裕的支持下，于会昌五年（845）四月，武宗下令清查天下寺院及僧侣人数。五月，皇帝又命令长安、洛阳左右街各留二寺，每寺僧各三十人。天下诸郡各留一寺，寺分三等，上寺二十人，中寺十人，下寺五人。八月，令天下诸寺限期拆毁——包括天下寺四千六百余所，兰若（私立的僧居）四万所。拆下来的寺院材料用来修缮政府廨驿，金银佛像上缴国库，铁像用来铸造农器，铜像及钟、磬用来铸钱。没收寺产良田数千万顷（此数过大，疑“顷”为“亩”之讹），奴婢十五万人。僧尼迫令还俗者共二十六万零五百人，释放供寺院役使的良人五十万以上。政府从废佛运动中得到大量财物、土地和纳税户。武宗死后，宣宗即位，又下令复兴佛教。后人遂将东西两寺合二为一，建于山上。

宋代至道年间（995—997），谏议大夫知州事魏庠奏改此寺为“云岩禅寺”，所以虎丘塔的正名为“云岩寺塔”。魏庠改的不仅是寺名，且改奉律宗为禅宗。这律宗因着重研习及传持戒律而得名，实际创始人为唐代道宣。因依据五部律中的《四分律》建宗，也称四分律宗。又因道宣住终南山，又有南山律宗或南山宗之称。这禅宗是中国汉传佛教主导宗

五十三参尽头的大雄宝殿

派，始于菩提达摩，盛于六祖惠能，又名佛心宗。中晚唐之后成为汉传佛教的主流。

云岩禅寺常为禅僧挂锡之所，众僧云集，形成临济宗虎丘派，奉绍隆为祖师。绍隆禅师名重宇内，“坐镇兹山，法席鼎盛。东南大丛林，号为五山十刹者，虎丘遂居其一”（元代《虎丘云岩寺兴造记》碑）。绍隆圆寂后，众僧在东山浜筑隆祖塔院。日本使者每次到虎丘，必拜塔而后去。元至正年间（1341—1368），山寺重新修整，二山门断梁殿即建于此时。后来虎丘历经变故，寺宇亦迭有兴废。明洪武二十七年（1394）、宣德八年（1433）及崇祯二年（1629），山寺三度焚毁。崇祯十一年（1638）巡抚张国维捐俸重建山寺。清康熙四十五（1706）年在山上建行宫，作为临时驻跸之用。乾隆十五年（1750）僧祖通募捐，对山寺大加整修，殿宇金碧辉煌，由北向西连绵耸峙，虎丘达到全盛时期，总计有景点二百多处，屋宇五千余间，声名远播。咸丰十年（1860），因太平军与清军的战事，虎丘除云岩寺塔及断梁殿外，古建筑皆付之一炬。现在山上的部分建筑是在旧址上重建的。

御碑亭

位于大雄宝殿后，宋朝为御书阁，景祐（1034）初有宋真宗御书三百卷藏于山中，虎丘特建阁藏之。后来因失火被焚。清光绪十三年（1887）江苏巡抚松骏，以康熙、乾隆两帝皆六临虎丘，遂于此地重建御碑亭，内立康熙、乾隆御制诗碑。

《虎阜志》详细地记述了康熙帝游览虎丘的情形。当日，康熙帝命山僧引路，遇到古迹，一一询问其出典，表现出极大的兴趣，当看到千人石上俯伏的百姓，更是了解了朝廷赦免江苏百姓钱粮后的反映。

康熙、乾隆二帝除了赏赐金银外，还赋诗题额，以示皇恩浩荡。御碑亭中立有三方碑，中一块断裂破损严重，字迹大部分已模糊难辨。乾隆帝的一首七律为：

云岩真是德山云，古树时花总净芬。
求迹无珍诚画虎，点头有石似疑赝。
竹声绕砌通其响，麦色盈窗致我欣。
那有司徒志远处，千秋佳话付云云。

《虎阜志》中的万岁楼图

御碑亭

小吴轩、望苏台

位于大雄宝殿东面，又名小吴会。据说苏东坡来此曾有“登泰山望小鲁，登虎丘望小吴”之语。所以有俗谚曰“过吴不登虎丘，俗也；过虎丘不登小吴轩，尤俗也。”

小吴轩又名“天开图画”，游客只要站在小吴轩外的平台——“望苏台”上凭栏眺望，林深水远，万家烟火，尽收眼底。张宪诗云：“何处俯姑苏，层轩列画图。玉墀行殿草，珠树寝园乌。蚁蛭观群望，牛涔视五湖。试凭空海眼，一览尽句吴。”现在小吴轩主要以出售纪念品为主，如苏绣、苏扇等。

小吴轩

五贤堂

原名五贤祠，在小吴轩与大雄宝殿之间。为纪念唐朝时的苏州刺史韦应物、白居易、刘禹锡，和宋朝担任过长洲令的王禹偁，寓居苏州的苏轼这五位贤人而建。“天下苍生待霖雨，古来贤守是诗人。”这五位热爱苏州、关心百姓疾苦的诗人，千百年来一直为苏州人民所爱戴。

韦应物（737—792），唐代诗人，长安（今陕西西安）人。今传有十卷本《韦江州集》、两卷本《韦苏州诗集》、十卷本《韦苏州集》。散文仅存一篇。因出任过苏州刺史，世称“韦苏州”。韦应物诗风恬淡高远，以善于写景和描写隐逸生活著称。他勤于吏职，简政爱民，并时时反躬自责，为自己没有尽到责任而空费俸禄自愧。“身多疾病思田里，邑有流亡愧俸钱。”这是韦应物晚年任苏州刺史时写给朋友的一句诗。从中可见他一派仁者忧时爱民心肠。沈德潜评论说：“是不负心语。”“不负心语”就是有良心的话。韦应物在苏州做刺史三年，一身正气，两袖清风，理赋税，勤政务，矜老疾，活艰难，带病实实在在地为苏州百姓操劳了三年，是一位难得的关注民生的模范“市长”。韦应物在他的《郡斋雨中与诸文士燕集》的最后四句写道：“吴中盛文史，群彦今汪洋。方知大藩地，岂曰财赋疆。”把个苏州大大赞美了一番——说苏州不仅对国家的财赋有大贡献，而且文化建设得也好。当时，苏州有十万人家，是全国重要的粮食产地，可谓江南

五贤堂

第一雄州。不仅是经济发达（鱼米之乡，向中央政府上缴得多），城内还遍布寺庙，百姓乐善好施，慕名到苏州游学的诗人很多。

白居易（772—846），字乐天，号香山居士，又号醉吟先生，河南新郑（今河南郑州新郑市）人，是唐代伟大的现实主义诗人，唐代三大诗人之一。白居易与元稹共同倡导新乐府运动，世称“元白”，与刘禹锡并称“刘白”。白居易的诗歌题材广泛，形式多样，语言平易通俗，有“诗魔”和“诗王”之称。有《白氏长庆集》传世，代表诗作有《长恨歌》、《卖炭翁》、《琵琶行》等。有个典故“将勤补拙”，讲的就是白居易治理苏州时，花了很多时间处理公务，他解释自己这样做的原因是：自己生来笨拙，所以用勤来弥补。公元825年，唐敬宗任命五十三岁的白居易为苏州刺史。苏州的地方官吏早就知道白居易的政绩，都很敬重他。新官上任，地方绅士等照例要宴请接风，笼络关系。白居易传下话去，声称都免了，这样，又腾出了不少处理公务的时间。为了处理苏州事务，他一连十天不喝一口酒，不听一曲音乐。经过一段时间的紧张工作，白居易初步了解了苏州各方面的情况，随即着手整顿吏治。他废除了一些繁琐的条令，适当减轻了百姓一些不合理的经济负担，从而博得了百姓对他的好评。白居易到苏州后还做了一件功在千秋的德政——疏通阊门至虎丘的河道，整修七里山塘。苏州人民十分感谢他。白居易的好朋友，当时任和州刺史的刘禹锡，也禁不住感叹道：“闻有白太守，抛官归旧谿。苏州十万户，尽作婴儿啼。太守驻行舟，阊门草萋萋。挥袂谢啼者，依然两眉低。”颇有自叹弗如、见贤思齐之意。在远离苏州后，白居易还在《和梦得夏至忆苏州呈卢宾客》里说：“忆在苏州日，常谙

韦应物像

白居易像

刘禹锡像

夏至筵。粽香筒竹嫩，炙脆子鹅鲜。水国多台榭，吴风尚管弦。每家皆有酒，无处不过船。交印君相次，褰帷我在前。此乡俱老矣，东望共依然。洛下麦秋月，江南梅雨天。齐云楼上事，已上十三年。”

刘禹锡（772—842），是中唐杰出的政治家、哲学家、诗人和散文家。字梦得，晚年自号庐山人，洛阳（今河南洛阳）人。任朗州司马、连州刺史、夔州刺史、和州刺史、主客郎中、礼部郎中、苏州刺史等职，白居易赞其“彭城刘梦得，诗豪者也”，故刘禹锡又有中唐“诗豪”之称，刘禹锡是白居易离任苏州刺史后的继任刺史。如果说白居易的风雅成了七里山塘的一景，而刘禹锡和白居易关于苏州的唱和，更是把山塘与虎丘的风雅推向了极致。他在《发苏州后登虎丘寺望梅楼》诗中写道：“独宿望梅楼，夜深珍木冷。僧房已闭户，山月方出岭。碧池涵剑彩，宝刹摇星影。却忆郡斋中，虚眠此时景。”

一面为苏州留下浓得化不开的风雅，一面刘禹锡实实在在地履行着父母官的职责。据传刘禹锡在上任苏州刺史后接见了一个名叫李绅的贪官，这人曾任过司空官职，因仰慕刘禹锡的大名，邀请他饮酒，席上，李绅邀舞女助兴，并请了几个歌妓来作陪。在饮酒间，刘禹锡一时诗兴大发，便做了一首诗：“高髻云鬓新样装，春风一曲杜韦娘。司空见惯浑闲事，断尽苏州刺史肠。”诗的大意是：在这豪华的宴会上，歌女打扮入时，唱着美妙的流行歌曲，客人们觥筹交错，起坐喧哗。你李司空花天酒地，习以为常，可我刘禹锡却肝肠寸断，于心不忍。“司空见惯”这句成语，从此不胫而走。由此可见刘禹锡一身正气，嫉恶如仇。对老百姓，刘禹锡则倡导“功利存乎人民”《连州刺史厅壁记》。不论在哪里，他都刚正不阿，重士爱民，兴教重学，深得人民爱戴。刘禹锡刚被派往苏州担任刺史时，苏州正发生水灾，饥鸿遍野。他一上任就开仓赈饥，免赋减役，很快使民生从灾害中恢复。他走入市井，探问农耕，教泽市民。刘禹锡在苏州做了三年刺史，关于苏州，他留下更多的是精神财富和文化遗产。他与苏州的情谊在他临走时写有《别苏州》诗中可见一斑：“流水阊门外，秋风吹柳条。从来送客处，今日自魂销。”那种不舍，那种依恋可谓回肠荡气，没有对苏州的热爱是很难写出这种深情的。苏州人对刘禹锡也是充满感激和仰慕。

王禹偁（954—1001）北宋诗人、散文家。字元之，济州巨野（今山东省巨野县）人，晚被贬于黄州，世称王黄州。太平兴国八年（983）进士，历任右拾遗、左司谏、知制诰、翰林学士。王禹偁敢于直言讽谏，因此屡受贬谪。真宗即位，召还，复知制诰。后贬知黄州，又迁蕲州病死。王禹偁为北宋诗文革新运动的先驱，文学韩愈、柳宗元，

王禹偁像

诗崇杜甫、白居易，多反映社会现实，风格清新平易。著有《小畜集》。他对仕途充满抱负，曾在《吾志》诗中表白："吾生非不辰，吾志复不卑，致君望尧舜，学业根孔姬。"王禹偁为官清廉，关心民间疾苦；为人直言敢谏，不畏权势，誓要"兼磨断佞剑，拟树直言旗"，以直躬行道为己任。他一生中三次受到贬官的打击，乃作《三黜赋》，申明"屈于身兮不屈其道，任百谪而何亏；吾当守正直兮佩仁义，期终身以行之"，表现了百折不挠的坚强意志和正直的品格操守。

苏轼（1037—1101），宋代文学家，字子瞻，号东坡居士，眉州眉山（今属四川）人。苏轼与父苏洵、弟苏辙合称"三苏"。其文纵横恣肆，为"唐宋八大家"之一。其诗题材广阔，清新豪健，善用夸张比喻，独具风格，与黄庭坚并称"苏黄"。词开豪放一派，与辛弃疾并称"苏辛"。又工书画。有《东坡七集》、《东坡易传》、《东坡乐府》等。苏轼曾在杭州、常州做官，在此期间，不时来苏州游赏。苏轼来到苏州，两个地方是必去的，一是拜访闾丘孝终，会会老朋友，叙叙旧情；一是去游览虎丘，欣赏名胜古迹，畅抒胸怀。他说过："过姑苏，不游虎丘，不谒闾丘，为二欠事。"那么，闾丘孝终是何人？苏轼为何喜欢畅游虎丘？他和"二丘"又是如何结下不解之缘的呢？这位闾丘孝终，字公显，苏州人，曾在黄州任太

苏轼像

守。其时，苏东坡在京城做官，因写诗讪谤朝政，贬到黄州去任团练副使。苏东坡到黄州以后，在闾丘孝终手下任职。闾丘孝终为官清廉，为人正直，他知道苏轼才高八斗，是个饱学之士，并没有打击、排挤他，而是很敬重他，凡有宴会，总要请苏轼一起出席。由此，苏轼与闾丘孝终交往甚密，友谊深厚。苏轼写过一首《浣溪沙》，注明“赠闾丘朝议，时还徐州”。词曰：“一别姑苏已四年，秋风南浦送归船，画帘重见水中仙。霜鬓不须催我老，杏花依旧驻君颜，夜阑相对梦魂间。”体现了两人之间的情谊，也算是东坡居士与苏州人的一段佳话。后来，闾丘孝终辞官回苏，居住在一条小巷里，小巷即用他的姓氏命名，称“闾丘坊”。此巷名至今仍用，位于人民路因果巷北。而说到苏轼和虎丘的情结，可以以他的一首长达二十八行的诗来概括，诗云：

入门无平地，石路穿细岭。
阴风生涧壑，古木翳潭井。
湛卢谁复见，秋水光耿耿。
铁花秀岩壁，杀气禁蛙黾。
幽幽生公堂，左右立顽矿。
当年或未信，异类服精猛。
胡为百岁后，仙鬼互驰骋。
窈然留清诗，读者为悲哽。
东轩有佳致，云水丽千顷。
熙熙览生物，春意破凄冷。
我来属无事，暖日相与永。
喜鹊翻初旦，愁鸢蹲落景。

坐见渔樵还，新月溪上影。

悟彼良自咍，归田行可请。

虎丘的幽美，虎丘渔樵的桃源生活，让苏轼不停地“自咍”感慨，也就不难解释他为什么来苏州时必来虎丘了。

第三泉

在千人石西侧高处，进入圆洞门，可见一狭长形水池，约一丈见方。四旁石壁下连石底，嵌在石岩之间，池北陡崖壁立，镌刻有“第三泉”和“铁华岩”六个大字。“铁华”即铁花，因此处石壁色赭，纹理天然，秀如铁花，遂取苏东坡《虎丘》诗句中的“铁华秀岩壁”句意命名。泉名相传为唐代陆羽品定，故又名陆羽井。陆羽是我国著名的品茶专家，也是《茶经》的作者，被誉为“茶圣”。陆羽青年时代遍游茶区，研究茶史、茶的种类、茶树的栽培与茶叶的加工。陆羽分析归纳了前人关于茶的知识，总结了人们的生产制作和饮用经验，创造性地“分其源、制其具、教其造、设其器、命其煮”，写成了世界上第一部茶叶专著——《茶经》。陆羽在《茶经》里设专门一节论水，指出：“其水，用山水上，江水中，井水下”，“其山水，拣乳泉石池漫流者上”。陆羽的这种“水甘茶串香”的观点是颇有道理的。据唐代张又新《煎茶水记》称，陆羽曾品定水味二十等，以苏州虎丘寺石泉为天下第五泉。又据传较陆羽略早的唐刑部侍郎刘伯刍也嗜水成癖，曾评选出前七名，以扬子江中泠水为第一，惠山石泉

第三泉

“第三泉”、“铁华岩”石刻

为第二，虎丘石井为第三。考陆羽行踪，吴郡（苏州）是他常来常往之地，其挚友皎然和尚《同李司直题武丘寺兼留诸公与陆羽之无锡》一诗，证明陆羽确实寓居虎丘寺。诗曰：

陵寝成香阜，禅枝出白杨。
剑池留故事，月树即他方。
应世缘须别，栖心趣不忘。
还将陆居士，晨发泛归航。

因此，陆羽常饮虎丘寺的石泉水，自然毋庸置疑了。“唯余半夜泉中月，留得先生一片心”。虎丘寺石泉水究竟为天下第几，这里姑且不论，不过，有幸游历虎丘寺，一饮第三泉甘洌的泉水者，都乐意相信此真为天下名水。宋代司马允中的《第三泉》说得好：

百尺寒泉浸崖腹，藓蚀题名不堪读。
只今此味属谁论，自把铜瓶汲新渌。

卢熊《苏州府志》记第三泉：“大石井面阔丈余，上有石辘轳，久湮塞。绍兴三年主僧如璧始淘出。四旁皆石壁，鳞皴天成。下连石底，渐窄。泉出石脉中，甘冷胜剑池。郡守沈揆作屋覆之，别为亭于井旁，以为烹茶宴客之所。”后屋亭均毁。明正德年间（1506—1521），长洲知县重疏井泉，王鏊有《复第三泉记》。清乾、嘉期间两次重修，并篆书“天下第三泉”五字置于石壁。

冷香阁

在第三泉南，于民国六年（1917）由金松岑创议，费仲深等主持建成。阁上下都是五楹，东、西、南三面环以廊，高爽幽静，别绕清趣。四周植有红绿梅树数百株。每到春仲，疏影暗香，冰肌玉骨，风味情韵不在光福香雪海之下，因这里面积比香雪海小，故又称“小香雪海”。冷香阁还是我们在虎丘喝茶观景的最佳场所。阁中置放明清家具，可在此饮茶远眺。如值花汛，更可捧茶探梅，红苞绿萼，阵阵幽香扑鼻而来，大有飘飘欲仙之感。

远观冷香阁

冷香阁

提及饮茶，在这里要稍稍提及一下虎丘的特产——虎丘茶（白云茶）。唐代诗人张籍的郡望在苏州，所以曾在诗中咏道："自看家人摘，寻常触露行。"可见他是很喜欢喝虎丘茶的。

虎丘茶虽然好，但并没有载入陆羽的《茶经》——《茶经》里说到姑苏产茶，主要是指洞庭山产的茶。这是因为虎丘茶的产量太少了，并且主要由邻近的居住者采摘，在陆羽看来，没有流传在外的可能，因而没有写进著作。虎丘茶因为它的质量好，加上物以稀为贵，后来名声越来越响。到明代时，地舆学家王士性甚至赞扬"虎丘天池茶，今为国内榜首"。

虎丘茶在众多地方志、笔记中也留下了身影。顾湄在康熙十五年（1676）修的《虎丘山志》中详细描绘虎丘茶的特点是"叶微带黑，不甚苍翠，点之色白如玉，而作豌豆香，宋人呼为白云花"。清代的茶学家陈鉴在补注《茶经》时也记载了虎丘茶，他说虎丘茶树开的花"比白蔷薇而小，茶子如小弹"。其时这种茶数量已很少，他曾采了几片嫩叶，同一个要好的茶侣一同，用"小焙烹之，真作豆花香"。可见虎丘茶叶，是黛色的，点泡的茶汤色白，味浓艳，有豆花香。从整个姑苏区域的地舆、气候条件来说，虎丘茶大概似碧螺春茶，但外形不如碧螺春苍翠；在香味上说，碧螺春尽管"吓煞人香"，但它的香味不是豌花香。虎丘山不高，但附近环水，周围是广阔的水乡区域。它没有太湖东西洞庭山花果烟岚香味的熏陶，却有典型的江南烟雨的润泽。

大家都知道，砂壤有助于茶树的生长。虎丘山上还有一块不大的却非常适宜茶树生长的砂壤。这即是坐落虎丘寺

冷香阁内景

冷香阁外景

之西、地名叫金粟房的坡地。这儿离剑池不远，山坡陡峭，又有天然泉流的灌溉。虎丘茶不是人工栽培的，是天然生成的，这是虎丘茶的一奇。二奇奇在，即是这一小块只有掌大，看来只是几分的地，造就了江南这一名茶。虎丘茶的茶香和虎丘山的美景相得益彰，使千百年来的游人在物质上、精神上都得到可贵的享用。

越宝贵的东西越稀缺，越稀缺的东西也越宝贵，想占有它的人也越多。虎丘茶就在这种对立的天然和社会环境中困难地生长。唐代张籍所处的时期，虎丘茶是野茶，没有多少名气，晓得的人不多，张籍还能叫家人采摘。慢慢地，虎丘茶名望大了。有权有势的人就会经过各种路径来攫取它——使这片茶园从寺产、私产成为官产，并不断地变换产权。清代文人尤侗就说："虎丘之茶，名甲全国；官锁茶园，食之者寡。"（《试虎丘茶》）正因为产量少，抢夺者众，权势者有办法独占，平常人不易取得。这种不正常的状况，在古代社会条件下，不容易处理，这也就潜伏着它灭绝的危机。

相传，虎丘茶在历史上的一次重大变故，发生在明代天启四年（1624）。当时的虎丘茶园归虎丘寺和尚管理，属寺产。这年有个京城大员驾临姑苏城。他早闻虎丘茶名声，自个儿又嗜茶，所以，便用职务的便利，命虎丘寺和尚献茶。由于姑苏本地有权势者向寺僧索茶者不止一人，加上寺僧自个儿也饮用，就那么几十株茶树，所采茶叶有限，早就无茶可献了。大员不信，派人把住持和尚捉来，为了逼茶甚至对老和尚用刑。可怜老和尚造也造不出来这稀缺的茶叶，最后，被打得遍体伤痕。老和尚被人抬回寺院后，全寺僧众

虎丘茶园

无不悲愤！为了杜绝这样的惨事，和尚们把茶树连根刨了。后来文震孟曾写过一篇文章，标题就叫《剃茶说》，用来讽喻这件事。

山麓景点

虎丘山植被丰富，满山郁郁葱葱。在这满眼绿色当中东西两山麓各有一处景点颇为雅致，那就是西溪环翠和万景山庄。这两处景点与前山各景点相辅相成，既包含了前山的自然景观又有人文景观在其中。其中西溪环翠还设有古戏台，万景山庄还设有小型的盆景展览厅。

西溪环翠

位于虎丘山的西南面,东边靠登山路,西边至环山河,面积约3.37公顷。原为唐高士甫里先生陆龟蒙祠堂,乾隆五十一年(1786)甫里先生二十四世孙陆肇在这里仿甫里别墅八景而筑,旧有环翠阁、清风亭、桂子轩、斗鸭池、菊畦、竹堤诸景。至清咸丰年惨遭兵燹,几成废墟,沦为郊农菜畦,后来成为景区的花房,2004年经重新修复,这里正式对

西溪环翠

外开放，在原址重修环翠阁、清风亭、桂子轩、斗鸭池等景点，新增镜台云梦、篱门幽竹、聆音榭、垂花门、野山石景、循环水景诸胜。据《虎阜志》和《桐桥倚棹录》中有关虎丘花市的记载，构筑了“镜台云梦”古戏台，为今后花会民俗表演提供合适的场所，台前构筑由千吨野山石堆叠而成的假山群，与虎丘山系一脉相承，勾勒出一个花神广场，演绎一段虎丘花神的传说。利用如今山西侧竹林蔽日，曲径通幽的环境，恢复完善《吴都法乘》所载的“小竹林”景点，在竹间隙地造竹篱草舍数间，开挖埋没多年的古井“绿玉泉”，将竹林中的清涧迂回至环翠阁、斗鸭池等景点，同山后的云在茶香景区遥相呼应，重现了“林皋生众绿，西溪春欲来。野旷鸟声静，风和花意催”的历史胜境。

谈及古戏台与花神广场，就不得不说一说百花生日了。农历二月十二日为百花生日，当日会在苏州山塘、虎丘一带的花神庙举行盛大的庙会庆典活动。清陆凤藻《小知录》：“唐以二月十五日为花朝。”北宋时“东京以二月十二日为花朝”。南宋吴自牧《梦粱录》：“仲春十五日为花朝节，浙间风俗，以为春序正中，百花争放之时，最宜游赏。”吴地向以“二月十二日”为“花朝节”，俗称“百花生日”。清袁景澜《吴郡岁华纪丽》载：“洛阳风俗，则以二月二日。今吴俗以二月十二日为百花生日。”

旧时“花朝节”，地方长官要入乡村“劝农”。《梦粱录》曰：“此日，帅守、县宰率僚佐出郊，召父老赐酒食，劝以农桑，告谕勤劬，奉行虔恪。”到农家作春耕动员，自春节后农闲“笙歌沸到花朝”，“春至二分”须要收收心了，花朝

古戏台

环翠阁

节后“士饰禊辰之挠，农举耕卯之耜”。南宋时“花朝日”，道观“递年设老君诞会，燃万盏华灯，供圣修斋，为民祈福，士庶拈香瞻仰，往来无数”。寺院则“建佛涅槃胜会，罗列幡幢，种种香花异果供养……庄严道场，观者纷集，竟日不绝”。两宋时民间还没有兴建“花神庙”。苏州民间庆贺“百花生日”，敬花神而建花神庙，举行花神庙会，始于明初。明洪武中，虎丘花农、山塘花商择址山塘桐桥内（今花神庙浜）建立了“虎丘花神庙”，“虎丘花农争于花神庙陈牲献乐，以祝神釐，谓之花朝。”实际上这也是苏州鲜花种植业、花木园圃业在山塘、虎丘一带蓬勃发展的一个侧面反映。

斗鸭池　张遇摄

清顾禄《桐桥依棹录》载："虎丘花神庙不止一所，有新旧之别。桐桥内花神庙……为园客赛愿之地。"虎丘花神庙，实际也是虎丘、山塘花农、花商聚首、议事、祭祀、赛会场所。

每年的农历二月十二日"百花生日"，虎丘花神庙都要举行隆盛的庙会，唱戏献供。清顾禄《清嘉录》："土俗，以花朝日天气清朗，则百物成熟。谚云：'有利无利，但看二月十二。'……《吴县志》谓：'花生日晴，则百果熟。'"至今吴地仍流传着"二月十二看熟天"的农谚。

吴地民间"百花生日"有护花之俗，称"赏红"。由年青姑娘们（闺中女郎）将彩绸剪成带子，系挂在花木枝头，这也成为"百花生日"一道独特风景。故《吴歈》云：

百花生日是良辰，未到花朝一半春；

红紫万千披锦绣，尚劳点缀贺花神。

据传唐代崔玄微在自家花园里，遇到了一群美女（花仙），向他诉说她们得罪了"十八姨"（风神），恐遭不测，请求崔生到了二月初一那天，在园中竖起一面红旗，旗上要画日、月及五星图案，这样她们就能免受灾难。后来崔生照办了，那一天果然狂风骤起，一城花树尽遭摧毁，唯独崔家园中花木安然无恙，后来崔家每年这一天都竖这样的彩旗，后流变为民俗。

"百花生日"，也是苏城妇女们的"节日"。"花朝节，城中妇女剪彩为花，插之鬓髻，以为应节。"闺中姑娘有"扑蝶会"，纷纷结伴而行，虎丘花神庙会、山塘花市人山人海。

看花赏景之际，妇女们还将玉兰花瓣拾回去做饼，"闺人拾取花瓣，和粉面蔗霜（糖），下油熬熟，名玉兰饼，以佐小食，亦隽品也”。玉兰花做“玉兰饼”，可称苏城妇女首创的土产。

值得一提的是，吴俗二月十二“百花生日”的日子，被曹雪芹巧用在《红楼梦》中。红楼人物生日多隐含诸神圣诞，如贾母生日八月初三日，隐“灶君生日”。林黛玉、花袭人以二月十二日为生日，隐“花神生日”，而林黛玉是苏州姑娘，用吴俗便是作者寓意。

万景山庄

万景山庄是苏州独一无二的盆景园，在虎丘东南山麓，占地约二十五亩，建筑面积为一千四百余平方米。全园由花墙围成，环山河萦绕东南，岗岭土阜围抱西北。园内地势起伏，假山雄立，流水潺潺，绿树成荫，盆景千姿百态，并以艺术借景的手法，凭高耸的虎丘塔为背景，配以错落有致的厅堂亭轩等古建筑，显得幽深倩美，自然野趣与古典园林的韵味融为一体。

盆景在我国已有一千多年的历史。唐代诗人王维以黄瓷斗贮兰蕙，养以绮石，可算得上盆景的开端。盆景的名称起于明代，《考槃余事》有记载：“盆景以几案可置者为佳。”《姑苏志》载：“虎丘人善于盆中植奇花异卉，盘松古梅，置之几案，清雅可爱，谓之盆景。”清代诗人沈朝初有《忆江南》，寓意隽永：

万景山庄

亦山亦水

万景山庄一隅

山庄内盆景一览

苏州好，
小树种山塘。
半尺青松虬干古，
一拳文石藓台苍，
盆里画潇湘。

苏州盆景多以树桩为主，以古拙、清秀、淡雅、自然的风格自成一派——苏派，是全国五大盆景流派之一。

进入万景山庄，首先映入眼帘的是刻有“亦山亦水”四字的长方形敞门，迎面有黄石假山一座，峻峭挺立，形体浑厚，与虎丘山风格协调。山上盘松挂藤，厅屋半露，山前池水一泓，瀑布直泻池中。

园中盆景陈列分为树桩盆景区和山水盆景区两大部分。

树桩盆景区在园西南部。陈列的盆景以竹栏相围，分隔成小景区。盆景的布置，根据树桩的形式、体量、色彩加以调配，几架有瓷座、条石、石础。以主盆景为中心，突出其个体美，围以多姿多彩的各种盆景。

山水盆景区在园东南部，数量不多，陈列在山水馆南部围墙前和山水馆西部，馆内也有陈列。

主建筑万松堂位于园西部假山上，西阔三间，歇山顶，宽敞华丽，室内树桩盆景小巧精致，雅洁异常。堂前平台宽广，四周布满盆景精品。堂东北有假山踏步，进圆洞门入接待区。接待区中部有四面皆为花窗的四面厅，透过花窗能观赏四周景色。接待区东部为花篮厅，从花篮厅推窗四望，园内东部景色尽收眼底。

万景山庄中最能代表苏州盆景风格的是“雀梅王”。“雀梅王”为置放在花岗石甬道中的巨型雀梅古桩盆景，树龄约四百多岁。“雀梅王”苍黄斑驳，根部裸露，主干枯裂，枝叶繁茂，一根主干斜卧盆中向左上方伸展，另一根较细的主干，由前向后地盘绕它一圈，再向左上方高攀。两主干相对独立，又互为呼应。从正面看，仰卧者如幼儿，盘绕者如母臂；从背面看，仰卧者如醉汉，盘绕者如在搀扶；从侧面看，仰卧者如摔跌，盘绕者在逃逸。真是面面可观，从不同的角度可产生不同的浮想。雀梅生长缓慢，能成此状，实属罕见。

著名园艺盆景专家周瘦鹃先生曾说过，盆树的加工，虽有必要，其比重也只可占十成中的四成，这四成还须以修剪占二成半，扎缚占一成半，而六成是听其自然。制作盆景精品，一定要有充分的艺术修养和灵巧娴熟的手法，才不会因加工过度而矫揉造作，落入下品。

“缩名山大川为袖珍”，“移古树奇花作室景”。万景山庄的盆景佳品运用咫尺千里的艺术手法，再现了大自然的风光，既有山林的野趣，又有人工的巧思，是无声的诗，是立体的画。

后山景点

虎丘前山的名胜古迹，目不暇接，使人流连忘返，如果沿着环山路或环山河漫步虎丘后山一游，则另有一番天地，别具一种情趣。这里，山谷空壑，林木葱翠，比之前山，显得更加恬静。古人曾说，虎丘幽岩曲沼，树木山石之秀在前山。遐披远眺，空蒙浩渺之趣在后山。甚至有“虎丘后山胜前山”之谚。后山原有一天门，为虎丘山寺的正门，后寺门改为南向，临大路，所以俗称“翻转虎丘山”。明代以前游虎丘，要乘坐小舟沿鸭脚浜水道绕到后山，从“三天门”进去，过中和桥，然后登山，领略全山美景。虎丘后山的众多古建筑，于咸丰十年（1860）毁于兵火。新中国成立后，园林管理部门在其遗址上进行了大规模的修建，恢复了部分景点。近年来，又广植毛竹、香樟、水杉、玉兰、桂树等，郁郁葱葱，景色雅致。

小武当

步上中和桥，穿过刻有“吴分楚胜”四字的青石牌坊，便到了著名的“小武当”。武当山在湖北省，旧属楚国，此处取其近似之意而名之。这一带有许多湖石堆砌的假山，形状奇特，玲珑剔透，最大的湖石有一丈多高。假山之中有石观音洞，俗称“海潮观音”。

小武当

十八折

在后山塔院下，实为上山道，为黄条石堆砌而成，坚实牢固，并有石栏，在此小憩远眺，田野景色，尽收眼底。旁有石级可以盘旋登山，即百步趋，一名走砌石，俗称一百零八级，由此可通山顶。

十八折

玉兰山房

玉兰山房旧有古玉兰一株，名冠吴中，相传为北宋时朱勔从闽移植。朱勔为邀宠皇帝，在江南搜罗名花异草、奇岩怪石，编组成船队运往京师，就是所谓的“花石纲”。朱勔当年为采办花石纲就驻扎在虎丘。后来朱勔被杀，玉兰山房的古玉兰没有来得及送往京师。古玉兰在明代天启年间（1621—1627）被大风折断，后复生长。乾隆南巡时，因花未开放，寺僧用火烘烤，催开花蕊，玉兰老干因此灼枯，而新枝又长高数丈，盛放时“素艳照空，望之如云屋琼台”。

玉兰山房

通幽轩

在玉兰山房下。通幽轩和玉兰山房均为后山主要建筑。旧志记载为宋代和靖书院故址，后为纪念陆羽，曾建陆羽楼。楼毁，清嘉庆年间（1796—1820）将本在西山庙桥的牛马王庙移建此处，祭祀牛马王。民间俗称赖债庙，即：凡欠人债务者都可以在每年的除夕至正月半进入此庙内躲债，债权人明知欠债人在庙内，也不会进庙去讨债。要知道除夕夜这一天已是年关的最后一天，是一切账目讨清的最后时限，对许多欠债人来讲，躲过了这一天就意味着可以到明年再还账，稍微可以安心过日子了。

那么这个规矩又是怎么形成的呢？为什么偏偏都要躲到牛马王庙而不是城隍庙或者别的庙里呢？原来其中有这么一则民间传说：

当年虎丘山脚下有个农夫欠了一大笔债，还不出，年关将至，债主又上门来讨，还带来了一名屠夫，告诉农夫三日后再不还钱就杀了农夫的耕牛用来抵债。农夫怎么舍得杀掉相依为命的耕牛呢？于是他就牵了牛连夜逃走。债主得知后和屠夫紧跟着追来，农夫实在走投无路了，就牵牛进了山上的牛马王庙，默默祝告牛马大王帮忙来救救他。不一会儿，债主和屠夫追到了庙里，他们抢步上前正要牵牛之际，只听得一声巨响，两人吓得摊倒在地上，张目看去，只见那牛马大王两只铜铃般的大眼怒睁，债主和屠夫吓得魂飞胆

通幽轩

丧，连忙叩头求饶。直到牛马大王双眼不再闪光，两人才灰溜溜地逃出了庙门。再说那个农夫见牛马大王显灵，便在庙里住了几天，妻子给他送来了饭食和牛吃的草料。一直住到正月十五以后，农夫见债主不再来庙里便壮着胆子回家了。回家后，农夫逢人就讲“牛马大王显灵”的事，那债主和屠夫自然也提心吊胆地承认了“牛马大王”的厉害。从此以后“牛马大王”吓退逼债人的故事就一传十，十传百，百传千，流传开来了。

附录

虎丘序略

晋·顾恺之

吴城西北有虎丘山者，含真藏古，体虚穷元，隐嶙陵堆之中，望形不出常阜。至于岩崿，绝于华峰。

虎丘山序

南朝陈·顾野王

夫少室作镇，以峻极而标奇；太华神掌，以削成而称贵。若兹山者，高不抗云，深无藏影；卑非培塿，浅异棘林。秀壁数寻，被杜兰与苔藓；椿枝千仞，挂藤葛与悬萝。曲涧潺湲，修篁荫映。路若绝而复通，石将颓而更缀。抑巨丽之名山，信大吴之胜壤。若乃九功六义之兴，依永和声之制，志繇兴作，情以词宣。形言谐于韶夏，成文畅于钟律。繇来尚已！未有登高能赋，而韬斐丽之章；入谷忘归，而忽铿锵之节。故总辔齐镳，竞雕虫于山水；云合雾集，争歌颂于林泉。于时风清邃谷，景丽修峦，兰佩堪纫，胡绳可索。林花翻

沈周《虎丘十二景图》之一、之二

洒，乍飘飏于兰皋；山禽哢响，时弄声于乔木。班草班荆，坐磻石之上；濯缨濯足，就沧浪之水。倾缥瓷而酌旨酒，剪绿华而赋新诗。肃尔若与三径齐踪，锵然似共九成偕韵。盛矣哉！聊述时事，寄之翰墨。

游虎丘记

明·杨应诏

东南号佳山水，控三江五湖之胜，莫最于姑苏。姑苏左淮海，右洞庭，灵崖崭屹秀耸，莫最于虎丘。虎丘去州治仅数里，浜接舟陆，中多小溪，曲涧夹其间，如抱月然。入其境不百步许，泉之冽，石之清，林木之断膊，不可状。其中最幽丽者，莫如和靖祠。祠之前有平原绿畴，一望漭渺，嘘青攒白，外与石接，每暮色苍霭，令人神悸心释不已。其上有浮图吮汉杪，不瞰姑苏可一掌。转浮图而南，世传生公讲堂、悟石轩在焉。轩侧有剑池，侧立数千尺，两崖壁削如剖，水清寒，滮滮鸣且流，中疑若有神物潜其间，不敢睨视。又行数十步，下有巨石，环敞磅礴，可罗胡床十数，座千人。石旁带有小石桥，平布其上，白莲挺挺，华如丹碧，水蒲蓊络。西行不半里许，又稍下皆小石路，迤逦其间，泉益奇，石益怪。俄斗折突起，松篁豁然，则和靖读书处也。有野鹿角角方东下。说者曰："虎丘乃昔吴王阖庐葬所，中多金凫玉雁，铜蛇水精，碧海丹朱，诸物布列。昔始皇东游，闻其胜，欲伐之。

沈周《虎丘十二景图》之三、之四

时有白虎盘攫其巅，不果，以故名。晋司徒王殉及弟王珉俱宅于此。”自王殉去阖庐千馀载，暨今又去王殉及王珉千馀载矣。计此山始墓而宅，宅而后寺，陵谷不知几更变迁。吴、晋之宫室台榭，皆鞠为苍烟白草、野坎断梗，与鬼磷萧萧，出没其所。谓酒城鹤市者，亦不知其何许。而和靖读书台，独岿然云霄，与此山相磨灭。余与寺僧果嗟叹久之。谚有云“地以人胜”。夫贤者，宜百世祀，岂亦以地显耶?和靖祠有二：一在今姑苏府治东南，一在此，皆有可据云。和靖拒豫，中夜遁去，崎岖烟水谷中，彼其视死生何如?匍匐于蜀，客于涪。晚以崇政殿说书召，年已六十馀。则疏和议，斥奸桧，即请辞去，去乃之平江虎丘西庵舍焉。舍则有三畏斋，遗迹犹存。虎丘多幽胜，今和靖祠乃在于山之南，梓神上庙貌悄怆。余既游，盘桓瞻企，不能去去，薄暮乃归舟中，因为记。

虎丘

明·袁宏道

虎丘去城可七八里。其山无高岩邃壑，独以近城故，箫鼓楼船，无日无之。凡月之夜、花之晨、雪之夕，游人往来，纷错如织，而中秋为尤胜。

每至是日，倾城阖户，连臂而至。衣冠士女，下迨蔀屋，莫不靓妆丽服，重茵累席，置酒交衢间。从千人石上至山门，栉比如鳞，檀板丘积，樽罍云泻，远而望之，如雁落平沙，霞

沈周《虎丘十二景图》之五、之六

铺江上，雷辊电霍，无得而状。

布席之初，唱者千百，声若聚蚊，不可辨识；分曹部署，竞以歌喉相斗，雅俗既陈，妍媸自别。未几，而摇头顿足者，得数十人而已。已而明月浮空，石光如练，一切瓦釜，寂然停声，属而和者，才三四辈；一箫、一寸管，一人缓拍而歌，竹肉相发，清声亮彻，听者魂销。

比至夜深，月影横斜，荇藻凌乱，则箫板亦不复用。一夫登场，四座屏息，音若细发，响彻云际，每度一字，几尽一刻，飞鸟为之徘徊，壮士听而下泪矣。

剑泉深不可测，飞岩如削。千顷云得天池诸山作案，峦壑竞秀，最可觞客。但过午则日光射人，不堪久坐耳。文昌阁亦佳，晚树尤可观。面北为平远堂旧址，空旷无际，仅虞山一点在望。堂废已久，余与江进之谋所以复之，欲祠韦苏州、白乐天诸公于其中。而病寻作，余既乞归，恐进之兴亦阑矣。山川兴废，信有时哉！

吏吴两载，登虎丘者六。最后与江进之、方子公同登，迟月生公石上。歌者闻令来，皆避匿去。余因谓进之曰："甚矣！乌纱之横，皂隶之俗哉！他日去官，有不听曲此石上者如月！"今余幸得解官，称吴客矣。虎丘之月，不知尚识余言否耶？

虎丘三泉亭记

明 · 陈继儒

吴人不善附丽，山亦如之，虎丘是也。凡地势相牵相

沈周《虎丘十二景图》之七、之八

连，若断若续，突为崇山峻岭，绵为蔓壑枝峰散为飞泉喷瀑多。使人心胆震眩，耳目旋转，而不得停。大抵附丽者必高大，高大者必险绝，其势然也。虎丘前无援，后无推，孤行孤峙于平畴衍漾之中，而不见有因缘攀附、巉耸刻露之迹。其秀至今甲天下。石平如砥，泉莹如雪。陆羽、张又新品泉而甘之，埒居第三，与中泠、惠山鼎足矣。申文定自小喜登此山，解相印归，数与故人父老觞咏其上，斟泉瀹茗，欣然忘归，曰："百岁后，吾魂魄犹应依此。"文定薨郡中业有专祠，至是，士大夫醵金考室，复祠公于剑池之南、鹤涧之西，曰："公平康正直，一生相业，无所附丽而起，此水此丘，神所乐也。"祠北恰坑三泉，寺僧久屋其上，湫隘尘垢，日月之光不射，云霞之彩不生。冏卿司理捐金钱施僧，撤屋刬土，土去而石根露，石露而泉脉疏。穹壁高广，截若刃削，凡数百年镌题字迹，隐隐出嶙峋隙缝间。禅窟悬崖，经声曳于树杪；石梁浮涧，苔纹绣于水中。周之以曲廊，扞之以阑楯，游者逡巡玩流，凭三泉亭而小憩焉。夫自古有此虎丘，即有此清泉石壁。岁不绝歌舞太平，日不绝品题名胜，鲜有发覆疏明，为泉石一洗尘土面目者，有之则文定之冏卿司理始。搜剔经营，则客周伯让始。文定有灵，将无释冠剑，屏侍卫，夷犹于亭之上下乎？人静山清，花疏月淡，公左挽颜鲁公，右拍苏学士，呼取阖闾徤儿，尽发鱼肠三千，试舞于铁花岩畔，生公说法，何胤讲经，远道士放鹤，陆桑苎点茶。王家短主簿，但令展衣扫石，绠汲第三泉数斗作供。乐哉斯丘！公舍此焉适哉！冏卿笑曰："眉道人是语，快不可言，即文定当为解颐。请笔而记之。"

沈周《虎丘十二景图》之九、之十

从永阳王游虎丘山

南朝陈·张正见

沧波壮郁岛，雒邑镇崇芒。
未若兹山丽，岧峣擅水乡。
地灵侔少室，涂艰像太行。
重岩标虎踞，九曲峻羊肠。
溜深涧无底，风幽谷自凉。
柙沉馀玉气，剑隐绝星光。
白云多异影，丹桂有蘩香。
远看银台竦，洞塔耀山庄。
瑞草生金地，天花照石梁。

夜游西武丘寺

唐·白居易

不厌西丘寺，闲来即一过。
舟船转云岛，楼阁出烟萝。
路人青松影，门临白月波。
鱼跳惊秉烛，猿觑怪鸣珂。

沈周《虎丘十二景图》之十一、之十二

摇曳双红旆，娉婷十翠娥。
香花助罗绮，钟梵避笙歌。
领郡时将久，游山数几何？
一年十二度，非少亦非多。

虎丘寺

宋·苏轼

入门无平田，石路穿细岭。
阴风生涧壑，古木翳潭井。
湛卢谁复见，秋水光耿耿。
铁花秀岩壁，杀气噤蛙黾。
幽幽生公堂，左右立顽矿。
当年或未信，异类服精猛。
胡为百岁后，仙鬼互驰骋。
窈然留清诗，读者为悲哽。
东轩有佳致，云水丽千顷。
熙熙览生物，春意颇凄冷。
我来属无事，暖日相与永。
喜鹊翻初旦，愁鸢蹲落景。
坐见渔樵还，新月溪上影。
悟彼良自咍，归田行可请。

人月圆·雪中游虎丘

元·张可久

梅花浑似真真面，留我何阑干。
雪晴天气，松腰玉瘦，泉眼冰寒。
兴亡遗恨，一丘黄土，千古青山。
老僧同醉，残碑休打，宝剑羞看。

虎丘即事

明·文徵明

短簿祠前树鬱蟠，生公台下石孱颜。
千年精气池中剑，一壑风烟寺里山。
井洌羽泉茶可试，草荒支涧鹤空还。
不知清远诗何处，翠蚀苔花细雨斑。

新夏游虎丘有感

明·文徵明

云岩四月野棠开，无数清阴覆绿苔。

意到不嫌山近郭，春归聊与客登台。
芳坟谁识真娘墓，水品曾遭陆羽来。
满路碧烟风自散，月中徐棹酒船回。

陪诸登虎丘一首

明 · 文徵明

高贤寻壑共经丘，偶得追从续旧游。
陆羽甘泉春试茗，王珣祠老暮维舟。
风檐落落铃相语，雨径登登履似油。
怪是酣吟笛不去，水云千顷正当楼。

虎丘游览示意图

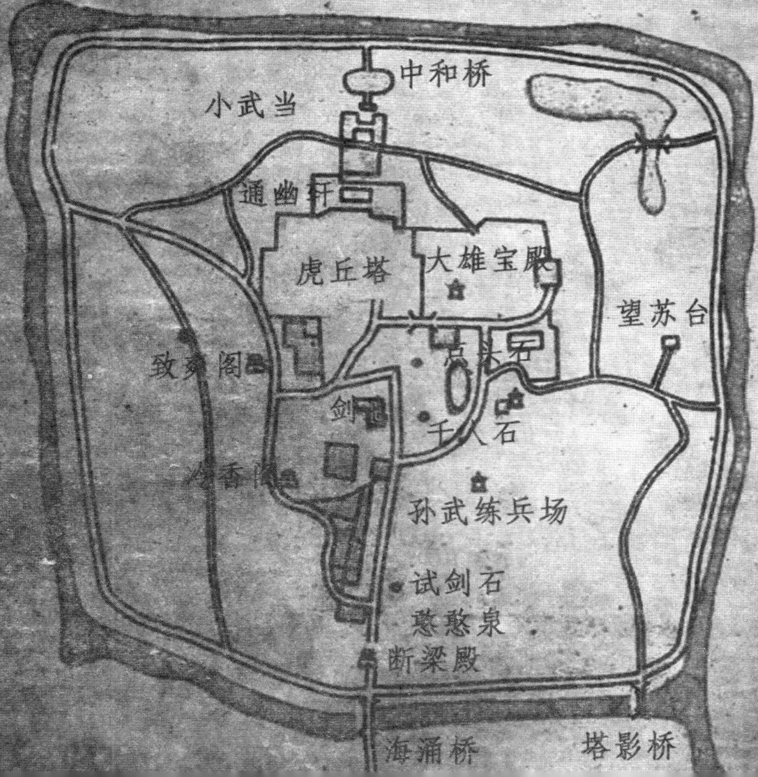

中和桥
小武当
通幽轩
虎丘塔
大雄宝殿
望苏台
点头石
致爽阁
剑
千人石
香阁
孙武练兵场
试剑石
憨憨泉
断梁殿
海涌桥
塔影桥

“十元读苏”系列

《拙政园》雨牧横山……………………………………10元

《狮子林》夕　　槿……………………………………10元

《平江路》北　　辰……………………………………10元

《留　园》徐　　邱……………………………………10元

《虎　丘》俞　　都……………………………………10元